鸚鵡有話說

監修 磯崎哲也
繪師 てんキュー

鳥寶的吐槽大會！

這裡是鳥寶的集會所。
氣氛熱絡
為了和飼主大人過上更好的生活，大家正在開會。

飼主大人會跟我說「喜歡我」～
話說我的飼主大人啊～
雖然現在好像在閒聊……

注意～！開會囉～!!

今天的議題是這個！大家有什麼意見鳥～？
飼主大人的誤會

有！

我希望飼主大人撓撓我，
所以就低下頭，結果飼主大人卻對我鞠躬說「你好」～
居然自己開始!!
唉……

我是有個心願啦～
我也有
希望我高興時，飼主大人能跟我一起搖搖頭！
最喜歡有同感的飼主了♡

我傳達愛的方式曾被飼主大人誤會呢……
我替飼主大人的手指整理羽毛時，卻被說「很痛！不要惡作劇」……

照顧我們時，也常常有誤會呢！
嘎——
我明明不喜歡水浴，飼主大人卻每天都幫我準備！

不過，該怎麼傳達才好呢……
嗯～～～…

!
對了！
我們可以列出飼主大人常有的誤解，然後逐一吐槽，如何？

利用○△╳的符號也許會更清楚！
錯誤!!
正確!!
嗯…
╳是「誤解」、△是「有點不正確」、○是「正確」！
這樣一來，我們飽含愛意的吐槽就能傳達給飼主大人了！
希望養鳥老手也可當成複習來閱讀。
嗯嗯
Z z z
搞什麼呀～
錯誤!!
唰
這就是本書的由來，接下來一起確認126則充滿鳥寶愛意的吐槽吧！

目錄

測試看看你有多瞭解鳥！請在□中填入○△X，然後到該頁確認正確答案吧！

PART 2 鳥寶的身體

PART3 鳥寶的心理①

PART 4 鳥寶的愛意

PART 5 鳥寶的心理②

PART 6 鳥的冷知識

本書的閱讀方式

請參考以下內容，找到與鳥寶相處的訣竅吧！

各單元（除了PART6）最開始都會先介紹該單元主題的基本知識，各位可以先學習飼養方式、瞭解鳥寶的情緒。

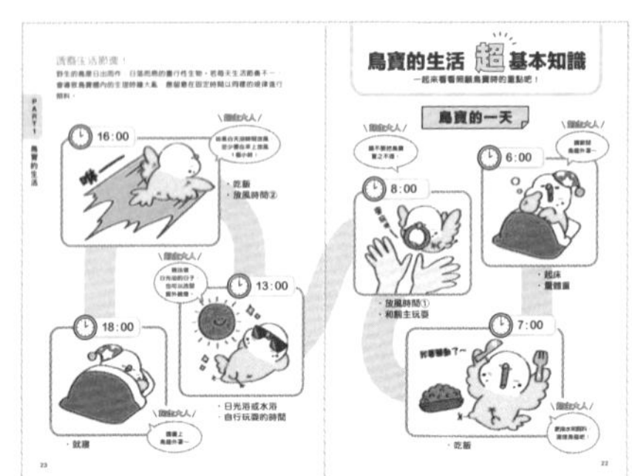

Check 2

以一問一答的方式解說正確知識。

很好吃哦~

ate

巧克力可以分給鳥寶吃。

千萬不行！會中毒的！

錯誤!!

巧克力千萬不行餵——！雖然能理解飼主大人想把好吃的東西與愛鳥分享的心情，但巧克力的咖啡因成分可是會要了鳥命的，同樣含有咖啡因的茶與咖啡也不行。除了不可以當成點心餵食外，還要小心不要掉落，以免鳥寶在放風時不小心吃下肚。其他還有一些鳥寶吃了會有危險的東西，請到43頁確認哦！

32

解說內文

詳細講解鳥寶的心聲。不僅初學者，希望養鳥老手也能掌握這些知識！

飼主的誤解

從飼主的角度，列舉出常見的誤解或錯誤的基本知識。

鳥寶的吐槽

鳥寶會吐槽飼主的誤解、認同正確的知識。

Point

有此記號的頁面刊有補充資訊，請配合著一起閱讀。

注意！

飼主的五大誤解

其1

明明是鸚鵡，卻完全不會說話！

有些鳥寶……不擅長說話唷！

等等！你該不會覺得所有鸚鵡都會講話吧!?除了虎皮鸚鵡外，非洲灰鸚鵡、黃肩亞馬遜鸚鵡等大型品種也都很擅長說話，玄鳳鸚鵡也算講得不錯。順道一提，一般比較會說話的是雄鳥，雌鳥幾乎不怎麼說話。

不過，也有不太說話的雄鳥，所以別再誤以為所有鸚鵡都會講話囉！

其2

名字中有鸚鵡的都是鸚鵡科吧？

玄鳳鸚鵡是屬於鳳頭鸚鵡科唷！

錯誤!!

名字裡有「鸚鵡」的話，真的會誤以為是鸚鵡科呢！不過，**玄鳳鸚鵡與粉紅鳳頭鸚鵡其實屬於鳳頭鸚鵡科。**許多寵物鳥都屬「鸚形目」，並分屬於其下的「鸚鵡科」與「鳳頭鸚鵡科」。鳳頭鸚鵡科的特徵是位於頭頂名為「羽冠」的羽毛及彎曲的鳥喙，只要瞭解這些，就不會分不清鸚鵡和鳳頭鸚鵡囉！此外，文鳥與斑胸草雀則與麻雀一樣，是雀形目的夥伴。

超基本！鳥的分類

本章將介紹寵物鳥中尤其受歡迎的鸚形目鳥類。

鸚形目可分成三類

寵物鳥大多屬於鸚形目，其中可大致分成「鸚鵡科」、「鳳頭鸚鵡科」、「鴞鸚鵡科」三類。鸚鵡科與鳳頭鸚鵡科的鳥類在寵物鳥中十分常見，然而現存的鴞鸚鵡科只有在紐西蘭的三種，因此受到非常嚴格的保護。

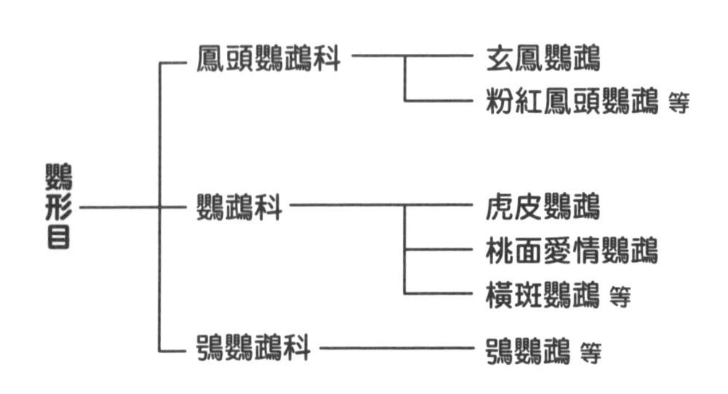

鸚鵡科

鸚形目中種類最多的科，外觀、大小也多種多樣。

- **虎皮鸚鵡**
- **桃面愛情鸚鵡**
- **橫斑鸚鵡**
- **白腹鸚哥**
- **非洲灰鸚鵡** 等

鳳頭鸚鵡科

特色是頭上有被稱為「羽冠」的羽毛。名字裡有「鸚鵡」的鳥，其實有些屬於鳳頭鸚鵡科。

- **玄鳳鸚鵡**
- **雨傘巴丹鸚鵡**
- **粉紅鳳頭鸚鵡**
- **葵花鳳頭鸚鵡** 等

文鳥是麻雀的夥伴

屬於雀形目的文鳥，跟鸚鵡科與鳳頭鸚鵡科的鳥類一樣，都是很常見的寵物鳥。其特徵為發達的發聲器官。文鳥所屬的「梅花雀科」中，還有斑胸草雀、十姊妹等品種。

籠子必須擺在安靜的地方。

錯誤!!

請擺在家人會聚在一起的地方！

有些飼主大人會認為「這裡比較安穩」，把鳥籠擺在寢室或平時不會使用的安靜房間中，但這樣鳥寶其實會感到很寂寞！鳥在野外**基本上是過著群居**生活，和大家在一起會比較安心，所以建議最好把**鳥籠擺在家人們會聚在一起的地方**！

此外，待在一起的話，飼主大人也比較容易察覺鳥寶的身體狀態喔！

來自南方國家的鳥應該不怕熱吧？

無論冬夏，都要適度控管溫度！

雖然鸚鵡科與鳳頭鸚鵡科的鳥類都來自澳洲、非洲等相對溫暖的地區，但並不代表牠們特別耐熱。在超過30度的盛夏，如果沒有空調的話，絕對會中暑！**若想要讓健康的鳥寶過得舒適，溫度必須維持在20～25度。**然而，若整年溫度都不變，鳥寶反而容易發情，所以還是要適度調節室溫，讓鳥寶隨季節感受到溫度變化。總之，只要維持在飼主大人感覺舒適的溫度就沒問題囉！

其5 必須要餵鹽土，替鳥寶補充礦物質。

不不……鹽土已經過時了！

以前通常會替鳥寶準備鹽土，但這其實是過時的常識了～「鹽土」是將紅土、鹽與礦物質固化後的產品。鳥寶平常以種子為主食，因此以前會用鹽土來替鳥寶補充礦物質。不過，**吃太多鹽土的話，會導致囤積於胃中或鹽分攝取過量的問題**，因此並不建議餵食鹽土唷！現在已經有專門的營養補充品，只要透過補充品攝取就行了。

PART 1

鳥寶的生活

鳥寶的生活基本知識

一起來看看照顧鳥寶時的重點吧！

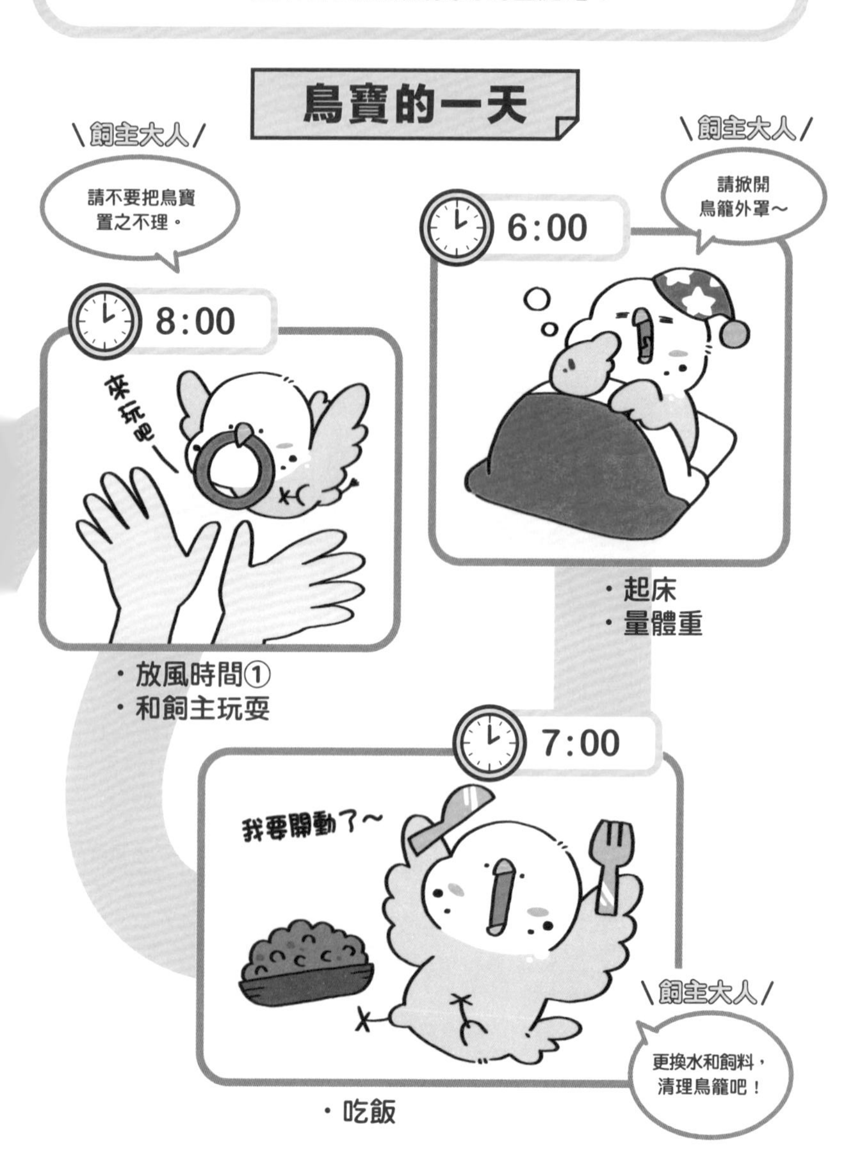

調整生活節奏！

野生的鳥是日出而作、日落而息的晝行性生物。若每天生活節奏不一，會導致鳥寶體內的生理時鐘大亂，應留意在固定時間以同樣的規律進行照料。

基本飲食

寵物鳥只能吃飼主給予的食物，這會直接攸關到鳥寶的健康。飼主應具備正確的知識，給予營養均衡的飲食。

主食

滋養丸

富含鳥寶所需營養素的綜合營養食品，不同製造商的產品大小與形狀各異，有些還帶有顏色。

種子

即穀物，例如：小米、稗、黍、雀黍等，不同種類的穀物所含的營養素也各不相同。若將種子作為主食，則還需另外補充副食品。

副食品

用來補充主食缺乏的營養素，例如：蔬菜、鈣粉與營養補充品等。應依據鳥寶的生長時期與年齡，補充容易缺乏的養分。

點心

平時玩耍或獎勵時給予，能作為一種溝通方式。種類有乾燥水果或小米穗等，可配合鳥寶的喜好選擇。

基本照顧

①打掃

飼主應打掃鳥籠，給鳥寶一個舒適的生活環境。鳥籠容易堆積糞便或脫落的羽毛、羽粉等髒汙。若置之不理，很可能引發疾病。另外，打掃時別忘了要配戴口罩。

②管理溫度、濕度

適合健康鳥寶生活的溫度是20～25度，濕度則為50～60％。若沒有維持在適溫或溫度變化劇烈，都可能導致鳥寶身體不適，應適當進行調節。

③進行水浴、日光浴

鳥寶透過水浴，可清洗羽毛上的髒汙、釋放壓力；曬日光浴則是可讓體內產生維生素D的必要條件，建議每天至少要讓鳥寶曬30分鐘的太陽。

必須在固定的時間照顧！

偶爾不準時也沒關係！

若每天都必須遵守在固定時間放風、就寢，飼主大人也會覺得有壓力吧？雖然很感激飼主大人替我們整頓生活節奏，但我們並不希望造成飼主大人的負擔，只要**盡量做到就OK了**！再說，如果鳥寶過於習慣規律的生活，萬一哪天飼主大人因加班等原因**沒有按時回家時，可能會讓鳥寶陷入恐慌**。

為了無論遇到什麼狀態都能安穩度日，偶爾刻意不準時也沒問題～

今天很冷，必須替鳥寶取暖！

如果太溫暖，可能會導致鳥寶發情！

在嚴寒的日子裡，有些飼主大人會說：「今天很冷，我先把溫度調高唷！」然後調升空調的溫度。這時，室溫超過25度了嗎？咦？超過了？那可不行！**如果室溫過高，鳥寶會誤以為到了繁殖期而開始發情**，請立刻調回20～25度！發情頻率過高，不但會對鳥寶的身體造成負擔，也容易引發生殖器相關疾病。因此，希望飼主大人維持適溫唷！

飼料只要餵種子就夠了吧！

只餵種子會營養不良！

有不少鳥寶都會吃種子呢～帶皮的種子可去皮後享用，不僅樂趣十足，還非常美味！然而，只有種子的營養是不夠的。

鳥類需要的營養素有碳水化合物、蛋白質、脂質、維他命和礦物質，

無論哪種成分都是打造健康身體的重要元素。**種子雖然富含碳水化合物、蛋白質、脂質，卻缺乏維他命與礦物質**。缺乏維他命，會導致免疫力與代謝力低落；缺乏礦物質，則會引發骨骼與甲狀腺異常。因此對於只吃種子的鳥寶，需要另外再餵**鈣粉或營養補充品等輔助食品**來補充營養素。

此外，在換羽期和成長期會特別需要蛋白質。依鳥寶的身體大小，所需的量也不一樣。如果不知道該餵什麼，建議可以諮詢獸醫唷～

餵滋養丸的話，就不用再餵營養補充品了吧？

沒錯！因為滋養丸是綜合營養食品。

滋養丸是非常理想的飼料，裡面含有鳥類所需的碳水化合物、蛋白質、脂質、維他命和礦物質，類似人類的綜合營養食品，因此**不需再給予營養補充品或鈣粉等營養輔助食品**！或許有飼主大人會覺得：「多吃補充品也沒差吧！」但鳥寶若營養過剩，可能會因此生病……**不過，還是要偶爾餵零食喔**！那可是讓我們鳥寶充滿幸福的來源啊～

任何蔬菜都可以餵吧？

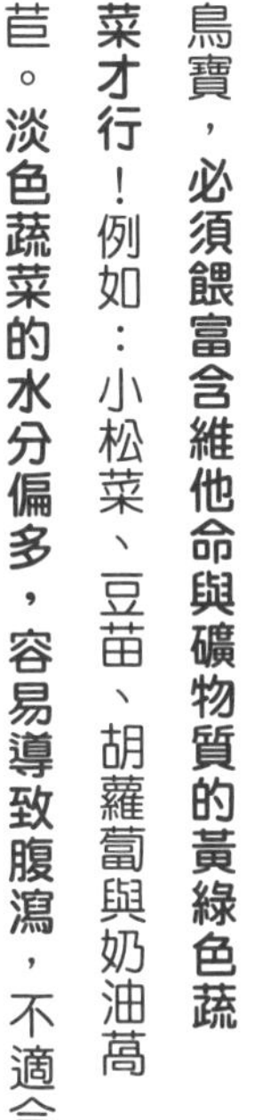

最好餵黃綠色蔬菜！

等等！飼主大人!!今天的蔬菜怎麼是高麗菜!?鳥寶可不是什麼菜都可以吃的唷！尤其是吃種子的鳥寶，**必須餵富含維他命與礦物質的黃綠色蔬菜才行**！例如：小松菜、豆苗、胡蘿蔔與奶油萵苣。**淡色蔬菜的水分偏多，容易導致腹瀉**，不適合搭配種子或滋養丸餵食。此外，有些蔬菜鳥寶吃了會有危險，請到43頁確認哦！

巧克力可以分給鳥寶吃。

千萬不行！會中毒的！

巧克力千萬不行餵——！雖然能理解飼主大人想把好吃的東西與愛鳥分享的心情，但**巧克力的咖啡因成分可是會要了鳥命的**，同樣含有咖啡因的茶與咖啡也不行。除了不可以當成點心餵食外，還要小心不要掉落，以免鳥寶在放風時不小心吃下肚。其他還有一些鳥寶吃了會有危險的東西，請到43頁確認哦！

圓滾滾的模樣很可愛，就算胖了也沒關係♡

不管理體重，鳥寶會生病哦！

最近感覺「身體好重」，才察覺好像一陣子沒量體重了……!?咦？是沒看過的數字……等等！飼主大人!!體重管理也是照顧鳥寶重要的一環喔！**飼主大人給多少，鳥寶就會吃多少**。吃太多可是會引發肥胖與疾病的，所以飼主大人要每天幫鳥寶測量、適當控制體重。若鳥寶的體重急遽變化，很可能是生病的警訊，應盡快就醫！

~~放風時間，讓鳥寶自由活動就好~~~

錯誤!!

放風時間就是鳥寶與飼主一起玩耍的時間！

聽到飼主大人說「外出時間到囉~」我們當然很開心，但如果放風時間都置之不理，也太冷淡了吧？放風是鳥寶與飼主距離最近的時刻，可以透過玩耍或肢體接觸**來建立家庭成員之間的信任感**！所以，**一邊「放風」一邊滑手機、工作真的很糟糕喔**~而且如果沒有留神，還可能讓鳥寶受傷，所以絕對不可以把鳥寶晾在一邊放風哦！

做日光浴時要先關窗，以免發生危險。

這樣就沒意義了！日光浴時要開窗！

沐浴在太陽光中，心情也會變得暖洋洋的♡咦？這窗是關著的啊！**做日光浴最重要的就是要照到紫外線**。照射到紫外線，鳥寶的體內才會產生吸收鈣質所需的維生素D。窗戶的玻璃會阻隔紫外線，所以不開窗就沒有意義了。如果白天經常不在家，也可以**設置寵物用紫外線燈**來代替。

水浴就是洗澡對吧？所以每天都得做！

沒這回事！要先瞭解鳥寶哦！

錯誤!!

水浴很舒服，我超喜歡的♪不但能去除羽毛的髒汙、讓羽毛處於絕佳狀態，還能釋放壓力~

不過，我的朋友虎皮鸚鵡卻說「不怎麼喜歡……」。對於水浴的想法，不同鳥種與個體似乎會有差異，因此**水浴的頻率就**

交給鳥寶決定吧！如果勉強，反而會讓鳥寶有壓力。至於水浴方式，有些鳥寶喜歡在盤子裡洗，有些則喜歡在水龍頭底下淋浴，這點還請配合家裡鳥寶的喜好。可是，如果因為鳥寶喜歡水浴，就**一天洗好幾次的話，羽毛狀態反而會變差，要適可而止**～冬天水浴時，有些飼主大人會覺得：「今天很冷，用熱水比較好吧？」請絕對不要這麼做！因為熱水會溶出羽毛上附著的脂肪，降低羽毛的保暖、撥水功能，這樣可是會讓鳥寶感冒的！

每週打掃一次就行了吧？

每天都要打掃哦！不然鳥寶會生病的。

等等！飼主大人!!是不是偷懶沒打掃好籠舍呢？我們不會要求每個角落都要乾乾淨淨，但希望**每天至少要「更換底網下的墊紙」**和**「清洗食盆」**。便便放置一週的話，飼主大人也受不了吧？而且，乾燥的糞便粉碎後會飄散到空中，吸入後可能引發皮膚或呼吸器官的疾病。所以請**每週打掃一次底網、每個月大掃除一次籠舍**哦！

放風的運動量就夠了。

鳥寶沒飛，就不算運動。

放風時，飼主大人常常會覺得我們「明明是鳥，卻都用走的」對吧？這是因為飛行其實是件很累的事～用走的比較輕鬆，所以短距離的話，我們都會用走路來移動。咦？你說這樣會不會沒有運動到？沒錯！若只是單純放風，可能會缺乏運動。

運動有預防肥胖、消除壓力、增強體力與肌力等各種好處。讓鳥寶運動的最好方式就是讓我們飛！所以希望飼主大人可以替我們想出**能連續飛行的遊戲**呢～

養鳥的話，就不能出遠門了！

如果有好好準備，在外住一晚也OK。

飼主大人想去旅行嗎!?要丟下我嗎？**如果有準備飼料和水、做好溫濕度控管的話**，就沒問題囉～不過**僅限一晚**！另外，要記得拆掉底網，以免食盆翻倒後鳥寶吃不到飼料。而且最好先拆掉玩具，避免膽小的鳥寶恐慌時被勾住。**如果預計要離家超過兩天，建議將鳥寶寄養在醫院、寵物店或熟人家中**。因為空調壞掉或沒水等意外，都會對鳥寶的生命造成威脅喔！

就算逃到外面，也能像鴿子一樣自己回來吧？

錯誤!!

辦不到！我們不會自己回家……~

飼主大人該不會把我們跟傳書的飛鴿混為一談吧？那是只有歸巢本能強的鴿子才能做到的事。家養的鸚鵡科與鳳頭鸚鵡科鳥類一旦離家，可能就**很難再找到回家的路**了。而且若從來沒出過門，自然不會知道家的方位。外頭有許多初次見到的東西，鳥寶肯定也會陷入恐慌！因此，在放風或做日光浴時，一定要確認門跟紗窗有沒有關好，時刻關注鳥寶的動向哦！

為了避免意外，一起來認識會對鳥寶造成危險的物品吧！

放風中

事故大多發生在放風時，各位飼主應留意以下事項。

□ 關閉門窗

鳥寶可能會逃出去，因此一定要確認門是否關好，並拉上窗簾。

□ 堵住縫隙

鳥寶可能會誤把家具與牆壁間的縫隙當成鳥巢，而不小心發情。

□ 移動植物

有些植物會讓鳥寶吃壞肚子（→43頁）。

□ 收拾會造成誤食的物品

橡皮筋、夾子、飾品與藥物等小東西可能會造成鳥寶誤食，窗簾下襬用來增重防飄的鉛墜也要留意。

□ 收拾危險物品

除了美工刀與剪刀之外，剛用完的熨斗、電鍋蒸氣等也有造成燙傷的危險。

□ 避免其他動物進入

貓、狗等寵物就算平時與鳥寶處得很好，仍可能有攻擊行為，因此還是讓鳥寶獨自放風比較安全。

□ 保護線纜

應加裝護蓋，避免鳥寶因啃食電線而觸電。

不可以在有鳥的房間
使用精油或塗指甲油，
鳥寶吸入這些揮發性物質
會引起中毒！

偷偷溜走

食物

下列食物會引發中毒、破壞鳥寶體內的成分，造成鳥寶身體不適。有些食物就算少量，也有致命的危險。應注意不讓這些食物掉落，避免鳥寶誤食。

- ☐ 青蔥
- ☐ 洋蔥
- ☐ 菠菜
- ☐ 酪梨
- ☐ 未成熟的番茄
- ☐ 水果種子
- ☐ 酒精類
- ☐ 咖啡、茶
- ☐ 巧克力

觀葉植物也要注意！

有些品種的植物鳥吃了會中毒，例如：黃金葛、聖誕紅、鬱金香與牽牛花等，必須多加留意。

column ① # 鳥寶生活_驚喜趣聞

露露（虎皮鸚鵡）

飼主：LULU

露露是一隻生理時鐘準時、很會觀察飼主的鳥寶。
早上一到起床時間，牠就會開始叫，彷彿在提醒我「該是掀開外罩的時間了！」掀開外罩後，牠又會像是在說「吃早餐！」般叫一聲。或許是知道為了安全玩耍，我都會自己吃完後再讓牠放風，吃飯時間牠都會安靜地等待。
不過，碗筷收拾好的同時，牠又會馬上發出「嗶～ 」的叫聲引起注意。
當我問：「要不要吃點心？」牠就會很快跑回籠中等待。環境變暗時，牠也會鳴叫，像是在說：「把燈打開！」開燈後，牠就會安靜下來。
到了就寢時間，露露還會自己回到籠中。如果時間還早，但牠看起來昏昏欲睡時，我只要問：「差不多要睡了吧？」牠也會自己回到籠中。
露露「極為準確的生理時鐘」及「好像聽得懂」的行為總讓我驚訝不已！

PART 2
鳥寶的身體

鳥寶的身體超基本知識

瞭解鳥的身體構造，有助於進行健康檢查。

身體構造

眼睛

鳥的眼睛位於左右兩側，以便迅速發現敵人。稍微突出的結構，使牠們擁有相當廣闊的視野。

鳥喙

鸚形目鳥類的鳥喙特徵為上喙向下鉤。由於十分靈巧，又被稱為「第三隻腳」。

鼻子

能嗅出與自身不同的氣味，且有喜好之分，尤其喜歡香甜的氣味。

尾羽

能用來保持平衡，或在著陸時幫忙減速。

羽毛

分為具備飛行與防水功能的正羽，以及具保溫功能的絨羽。鳥的體重有10％都是羽毛的重量。

鳥爪

鸚型目鳥類的爪子為前後各兩根的對趾足，擅長抓握物體。對人類來說，就像是踮起腳尖前傾的姿態。

翅膀

飛行時所需的羽毛，又分為「初級飛羽」「次級飛羽」與「三級飛羽」。

消化系統的構造

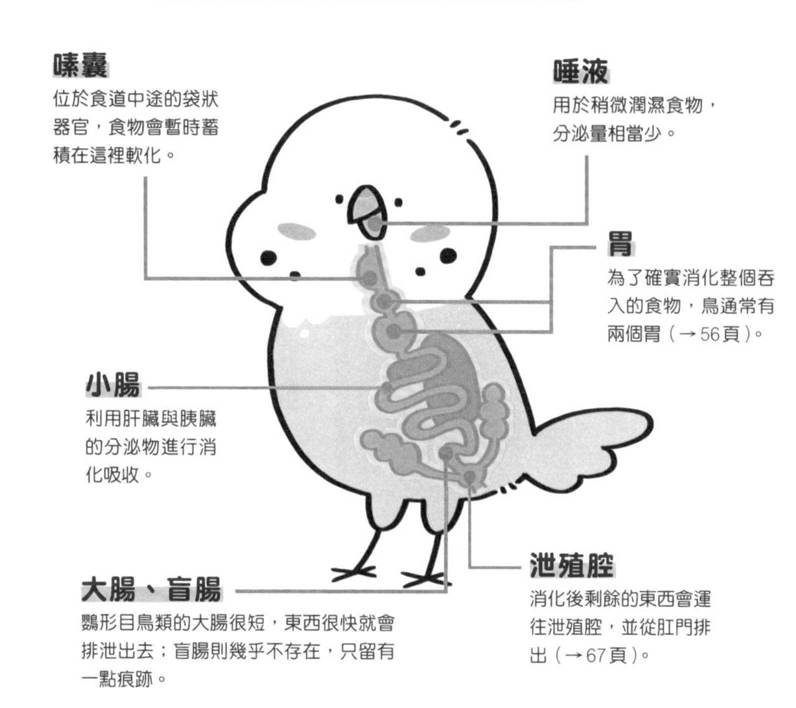

嗉囊
位於食道中途的袋狀器官，食物會暫時蓄積在這裡軟化。
唾液
用於稍微潤濕食物，分泌量相當少。
胃
為了確實消化整個吞入的食物，鳥通常有兩個胃（→56頁）。
小腸
利用肝臟與胰臟的分泌物進行消化吸收。
泄殖腔
消化後剩餘的東西會運往泄殖腔，並從肛門排出（→67頁）。
大腸、盲腸
鸚形目鳥類的大腸很短，東西很快就會排泄出去；盲腸則幾乎不存在，只留有一點痕跡。

為飛翔而特化的身體

為了翱翔天際，鳥類的軀體經過特化，其獨特的消化系統也是身體輕量化後的結果。此外，鳥類為了飛行，還演化出下列獨特構造。

- **骨骼**……………… 內部為中空結構，以減輕重量。
- **呼吸器官**……… 具有名為「氣囊」的空氣儲藏庫，能輔助呼吸。
- **胸大肌**…………… 用於活動翅膀的肌肉，重量占體重的四分之一，並由名叫「龍骨突」的骨骼支撐。

鳥寶有時會盯著一處看，牠的視力不好嗎？

其實鳥的視力有……人類的3～4倍唷！

錯誤!!

鳥的視覺是五感中最發達的感官！因為視力不好的話，野生的鸚鵡或鳳頭鸚鵡很快就會被天敵吃掉～此外，我們還擁有330度的視野，只要稍微轉頭，全方位都能看見唷！所以，鳥寶只要稍微左右張望，就能好好觀察周圍情況。不過，當鳥寶想要仔細觀察時，其實用單眼更容易看清（→79頁）。因此當鳥寶目不轉睛時，可能是正在看人類看不見的東西呢～

鳥寶覺得人看起來都一樣吧？

我們能分辨喔！

如果我們覺得人類都長得一樣，就記不住飼主大人了！鳥寶其實能分辨出最喜歡的飼主大人與其他人唷～你問怎麼分辨嗎？以外觀而言，像是臉部輪廓、髮型、眼睛與鼻子等五官配置、體格與服裝，都是判斷標準。再加上聲音高低與音質，就能做出更正確的判斷囉！若飼主大人是擁有黑色短髮的女性，鳥寶就會對有類似特徵的女性懷有好感呢♪

鳥寶睡覺時會微笑呢♡

鳥寶是閉起下眼皮……，所以看起來像在笑！

錯誤!!

人類是閉上眼皮嗎？真奇怪～我們閉眼時，閉得是**下眼皮，所以才會看起來像在微笑吧**！順道一提，鳥類除了上下眼皮之外，還有十分發達、**被稱為「瞬膜」的半透明皮褶**。飛行時，如果有灰塵進入眼睛或眼睛乾澀，會很危險對吧？所以鳥寶會閉上瞬膜，以避免這些狀況發生。我們鳥寶可不懂什麼是乾眼症呢！

鳥寶看到的風景跟人一樣。

人類與鳥類看見的風景不一樣唷~

做日光浴時，常會聽到飼主大人對我們說：「外面風景真好~」但其實人類與鳥類看見的景色並不相同。人類只能看見三原色對吧？但鳥寶除了三原色之外，**還能看見紫外線**。這項能力有助於鳥類分辨同伴的性別，舉例而言：玄鳳鸚鵡的外觀看起來都一樣，但其實眼部周圍及鳥喙等部位能反射紫外線。在紫外線的反射下，**雄鳥會比雌鳥看起來更鮮豔喔！**

桃面愛情鸚鵡沒有鼻子。

有鼻子喔~！……只是藏起來罷了！

有些鳥寶的鼻子只是被羽毛蓋住了，其實鳥喙根部確實有長鼻子唷！居住在多雨熱帶地區的桃面愛情鸚鵡與牡丹鸚鵡看不見鼻子；但住在乾燥地區的虎皮鸚鵡與玄鳳鸚鵡的鼻子則清晰可見。此外，就算鼻子被蓋住，鳥寶還是聞得到氣味，這點請不用擔心~反之，如果本該藏住的鼻子裸露在外時，就可能是鳥寶感冒了，應視狀況前往就醫唷！

鳥寶沒有耳朵，聽得見聲音嗎？

有的！只是看不到而已！

錯誤!!

真是的～又說我們沒耳朵！其實鳥的耳朵就長在臉旁喔～我們的耳朵不像人類、貓或兔子那樣具有突出的耳廓，所以難以發現，但其實受名為「耳羽」的特別羽毛保護著哦！為了減少飛行時的空氣阻力，沒有耳廓比較好。而且即使沒有耳廓又被羽毛覆蓋，我們還是能清楚地聽見聲音、感受到氣壓變化，功能上完全沒有問題！

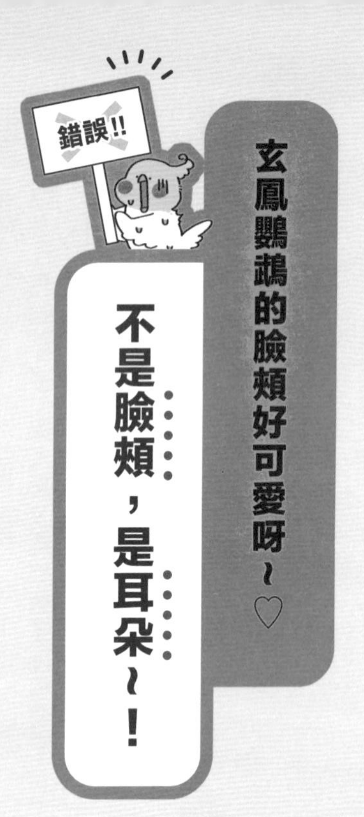

玄鳳鸚鵡的臉頰好可愛呀~♡

不是臉頰……，是耳朵……~！

許多人都會把玄鳳鸚鵡的臉頰斑塊誤以為是臉頰呢~嗯，不過這個詞中含有「臉頰」，難免會誤會……然而，**臉頰斑塊下其實藏有耳孔唷**！正如53頁所述，保護耳朵的耳羽和其他羽毛的構造有些不同。雖然不清楚為何會有這樣的差異，但或許就是與臉部周圍羽毛的結構差異，才會產生獨特的顏色變化呢！

虹彩吸蜜鸚鵡的舌頭好奇怪！

吃花蜜的鳥寶會擁有刷狀舌唷～

錯誤!!

第一次看到應該都會嚇一跳呢……在野外以花蜜與花粉為主食的食蜜性鳥類，會具有刷狀舌特徵。舌頭呈長刷狀，可以更有效率地吃到花蜜與花粉。

一般而言，鳥類的舌頭形狀會根據主食而有所不同。例如：喜歡吃蜂蜜的蜂鳥，具有方便吸食的吸管狀舌頭；企鵝的舌頭則帶有大量鉤刺，讓抓到的魚無法逃脫。

牙齒是什麼？我們都是一口吞！

飼主大人看到我們的口腔時都會感到驚訝，大概是因為以為會有牙齒吧～咦？你問不咀嚼要怎麼消化？別擔心！我們鳥類擁有兩個胃，就算一口吞掉食物，還是能好好消化。

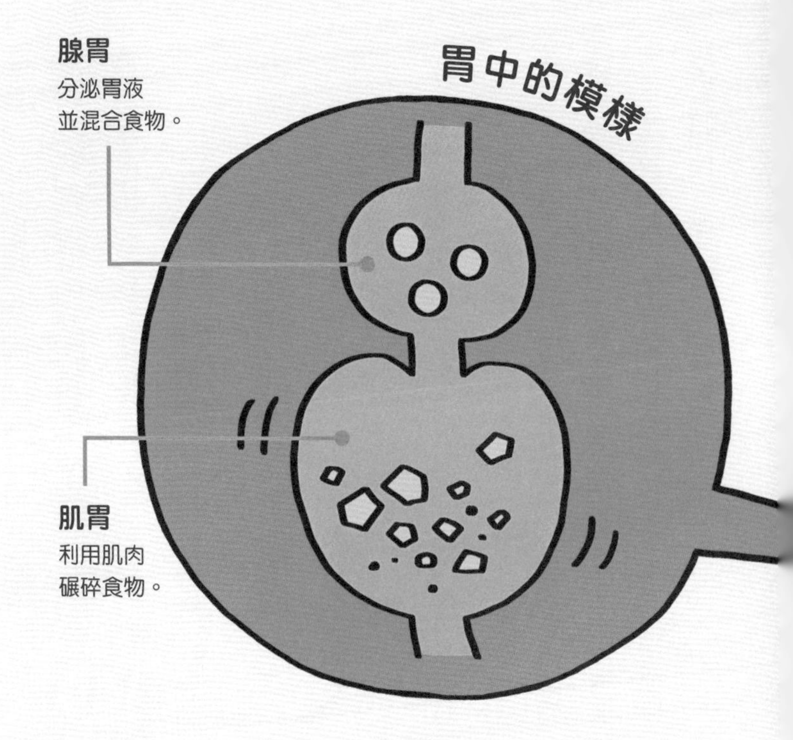

我們吞下的飼料會通過食道，送往「嗉囊」。食物會在嗉囊停留一段時間，待泡軟到容易消化的狀態（→47頁）後，食物會繼續被送往胃部。**首先到達的「腺胃」，具有分泌胃液與混合攪拌的功能。**接著，食物會被送往「肌胃」，這時才會開始正式消化。**肌胃是由強壯的肌肉組成，食物能在這裡充分研磨。**此外，肌胃還儲存一些有助於食物消化的「沙礫」。透過這兩個胃，鳥寶就能確實消化食物，就算吞入堅硬的食物也不成問題呢！

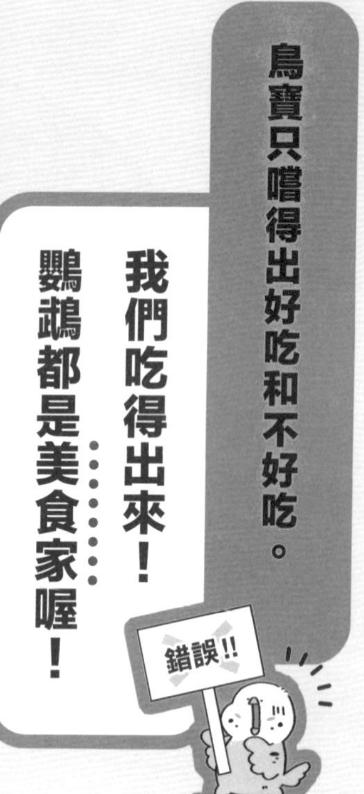

鳥寶只嚐得出好吃和不好吃。
我們吃得出來！
鸚鵡都是美食家喔！
錯誤!!

真是的……鳥類可是跟人一樣，擁有用來感受味道的**「味蕾」**器官喔！雖然我們的味蕾少，容易被誤會吃不出味道，但**其實很講究味道與口感的**～飼主大人應該有遇過鳥寶「A品牌的滋養丸不吃，卻吃B品牌」的情況吧？鳥寶偶爾會厭倦平時吃的滋養丸，這時或許可以更換不同顏色或形狀的產品試試唷！

口感圓潤、
清爽不膩…

飼料裡混有辣椒!? 不能吃啊～！

有辣椒也沒事！我們還覺得很美味呢～

58頁提過鳥類有味覺，不過辣覺又是另一回事了。辣椒之所以辛辣，是因為有辣椒素這個成分，然而鳥類的舌頭不具感知辣椒素的器官。由於辣椒富含維他命，所以市售的種子或滋養丸中會混入辣椒。而哺乳類就是因為具有感知辣椒素的器官，吃辣椒時才會覺得辣。我也好想感受看看飼主大人嚐到的辣覺啊～

鳥寶會眨單眼，好像模特兒！

不，我們只是在睡覺……
錯誤!!

飼主大人一旦睡著後，就不會輕易醒來了吧？然而，野生鳥類為了避免天敵襲擊，必須時刻保持警戒，因此鳥類的大腦會採取左右腦輪流休息的「半腦睡眠」。處於半腦睡眠時，鳥寶有時會閉上單眼，模樣看似清醒、又看似在熟睡。不過，由於是警戒狀態，只要稍微有風吹草動，鳥寶就會被驚醒喔！

Zzzz
這…
是在睡覺嗎？

我也可以幫鳥寶剪羽啊！

千萬不要這麼做！……應委託專業人士～

錯誤!!

「剪羽」意即剪掉鳥類羽翼中的飛羽，讓鳥寶無法進行長距離飛行。飼主大人之間對於這件事的看法相當兩極，贊成方認為可避免鳥寶飛出家門、在室內爆衝而引發意外；反對方則認為會導致鳥寶的運動量不足或摔落受傷。無論哪一方，其實都在為鳥寶著想呢！不過，如果飼主大人要選擇剪羽，請委託獸醫等專業人士操刀。萬一弄錯位置，可是會讓鳥寶受重傷的，請千萬避免自行剪羽！

不要啊啊啊……

鳥寶在掉毛……是生病了吧？

有可能是換羽期……喔！

飼主大人若是看到鳥寶羽毛脫落，請不要太過擔心～因為進入「換羽期」時，鳥寶的羽毛會一口氣換新，大約一年會有一次。不過，家養鳥大多處在室溫全年不變的環境中，因此有些鳥寶會花一整年慢慢汰換羽

毛。然而，如果發現鳥寶羽毛脫落的情況過於嚴重，或完全沒有要長新羽的跡象時，就可能是生病了，需要找獸醫諮詢喔！

此外，鳥寶在換羽期時容易感到焦躁，因為換羽其實相當耗費體力。而且羽毛是由蛋白質構成，所以在這個時期，鳥寶的體內也容易缺乏蛋白質，進而導致體重減輕或身體不適。因此，當我們開始換羽時，希望飼主大人能幫我們補充含蛋白質的營養補充品，或換成蛋白質含量高的滋養丸，協助我們度過這個特殊時期哦～

鳥寶臉上長刺了!?

不是刺！是剛生長的羽毛唷！

我們怎麼可能長刺啦!!……不行、不行，我不能生氣，換羽時心情總會比較煩躁呢~其實這些刺是剛生長的羽毛喔！新生的羽毛會受管狀的「羽鞘」包覆，並從中慢慢冒出。羽鞘會自然脫落，或在鳥寶理毛時被清除。不過，如果家裡只有養一隻鳥的話，頭頂與後腦勺的部分會較難去除而有殘留，這時就要麻煩飼主大人幫忙弄掉囉！

鳥寶一水浴，就不藍了!?

其實我們不是藍色的～

水浴時，常會聽到飼主大人說：「顏色怎麼變了……？」其實我們的羽毛本來就只是看起來是藍色罷了。羽毛表面的結構反射藍光時，我們看起來就會是藍色的，這種顏色就稱為「結構色」。因此水浴時的顏色，其實才是我們羽毛真實的顏色喔！不過，如果飼主大人喜歡我們藍藍的模樣，就算是誤會我們也很開心呢♪

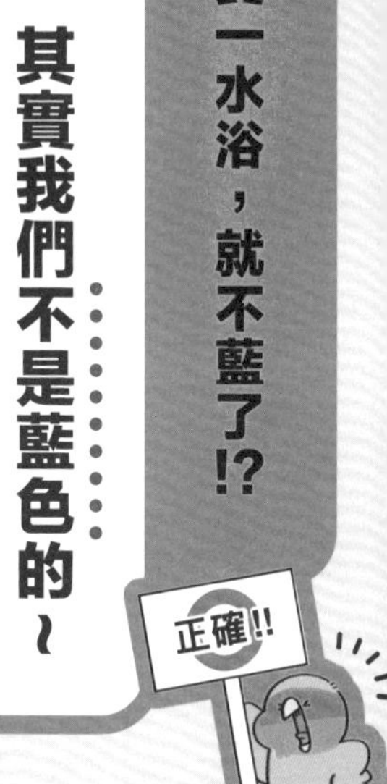

用腳吃飯真沒規矩！

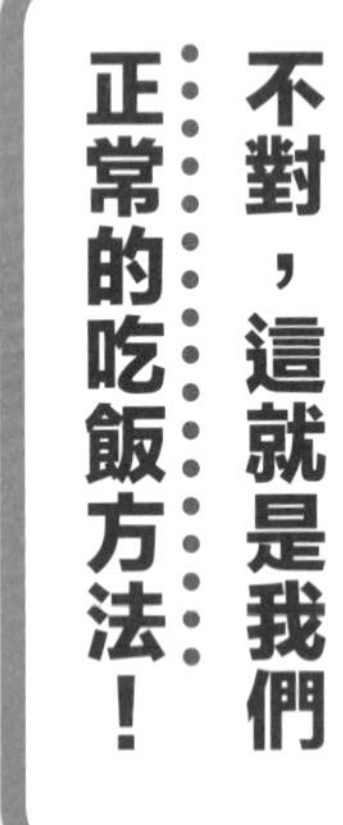

不對，這就是我們正常的吃飯方法！

用腳吃飯，就是我們鸚鵡科與鳳頭鸚鵡科鳥類的禮儀！雖然鳥類都有四根腳趾，但形態上可粗略分為兩種，分別是麻雀、烏鴉等鳥類前三後一的「不等趾型」，以及**鸚鵡科、鳳頭鸚鵡科鳥類前二後二的「對趾型」**。多虧了這雙對趾足，鸚鵡科與鳳頭鸚鵡科的鳥類才能靈巧地用腳吃飯或抓握玩具。順帶一提，據說動物中總是雙腳走路的，就只有鳥類和人類呢～

鳥寶不會上小號！

小號會和大號一起出來唷~

仔細觀察一下我們的排泄物，偏綠的是大號，偏白的就是小號喔！無論大號、小號**還是鳥蛋，其實都是透過同一個地方——肛門來排出**。因為鳥類的消化系統、泌尿系統與生殖系統，都是連接到名為「泄殖腔」的器官。除了鳥類之外，爬蟲類、兩棲類也具有相同的構造～

排泄物的型態因鳥種而異，要仔細觀察唷！
噗通
噗通

玄鳳鸚鵡好多皮屑。

那是羽粉！是我們很乾淨的證據啦～

真失禮！羽粉由部分「絨羽」粉粹後形成，是維持羽毛狀態的必要物質。據說鳳頭鸚鵡科的鳥類羽粉特別多，例如：玄鳳鸚鵡、粉紅鳳頭鸚鵡等。一般鸚鵡科的鳥類會取尾脂腺分泌的脂質來整理羽毛（↓69頁）；鳳頭鸚鵡科的鳥類則會利用羽粉來清理羽毛的髒汙，同時達到防水功能。可以說羽粉就像是自發性的乾洗澡，下次看到時可別再說「好髒」囉～

鳥寶整理羽毛時，都只清屁股。

我們是在提取脂質～

錯誤!!

我們不是在清屁股～是啄尾羽～！虎皮鸚鵡和文鳥等鳥類的尾羽根部，具有會分泌脂質的「尾脂線」。**鳥寶在梳理羽毛時，會用鳥喙從尾脂腺擷取脂質並沾附到羽毛上**，提升羽毛保溫、防水的功能。飼主大人可能是看我們不斷從尾脂腺取脂質的動作，才會誤以為「鳥寶經常碰屁股」吧～

column ② #鳥寶生活_驚喜趣聞

PIKU（虎皮鸚鵡）

飼主：GUMA

PIKU是第一隻跟我一起生活的虎皮鸚鵡。

我透過閱讀飼養書，瞭解到有些鳥寶喜歡水浴、有些則不喜歡，每隻都有自己的個性。
我們家PIKU就是一隻喜歡水浴的鳥寶。但是，我本以為鳥會用翅膀甩水，看到牠洗完後一直全身濕漉漉的，不禁有些驚訝。
居然會變成這副模樣……
我後來接回家的鳥寶也都不會甩水，所以我以為鸚鵡水浴後都會變成「濕漉漉鸚鵡」。
然而，當我得知還是有會甩水的鳥寶時，我又驚訝了。

PART 3

鳥寶的心理①

鳥寶的心理① 超基本知識

為了理解鳥寶的內心世界，本章將介紹牠們的習性、表情與叫聲。

習性

群居生活

鸚鵡科與鳳頭鸚鵡科的鳥類一般會以50～100隻的規模群居生活，但整個群體不是由家庭構成，而是伴侶集團。

喜歡「一起行動」

集體行動是鳥類避免遭到天敵攻擊的防禦方式之一，和大家一起做相同的事會讓鳥寶很有安全感。

性格膽小

野外環境中，鳥類需時刻注意，以免遭到天敵襲擊。強烈的警戒心使牠們在面對環境變化或未知事物時，都會產生恐懼心理而有壓力。

好奇心旺盛

鳥寶明明很膽小，卻又充滿好奇心。在面對新玩具時，就算有些害怕，還是會被激起挑戰精神，而顯得興味盎然。

表情

鳥類的表情肌並不發達，容易被認為是無表情的動物。然而，只要仔細觀察就會發現，牠們其實有各式各樣的表情呢！

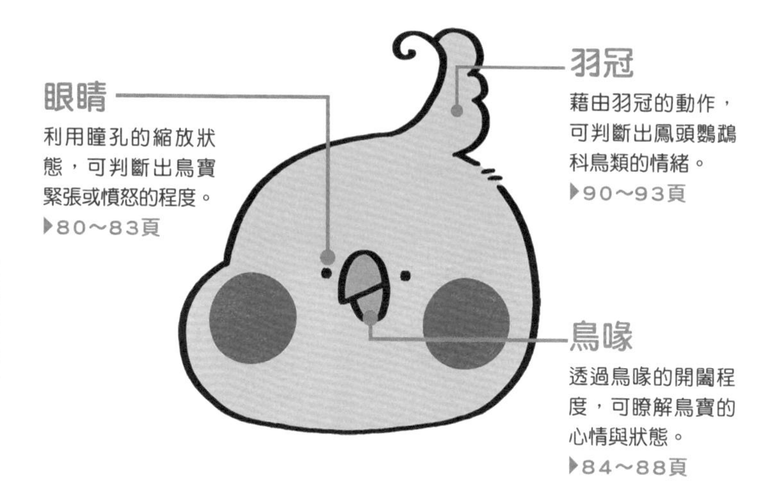

眼睛
利用瞳孔的縮放狀態，可判斷出鳥寶緊張或憤怒的程度。
▶80～83頁
羽冠
藉由羽冠的動作，可判斷出鳳頭鸚鵡科鳥類的情緒。
▶90～93頁
鳥喙
透過鳥喙的開闔程度，可瞭解鳥寶的心情與狀態。
▶84～88頁

叫聲

鳥類會使用各種不同的叫聲與夥伴溝通，這裡將介紹三種叫聲（例子包含鸚鵡科與鳳頭鸚鵡科）。

一般啼叫

非鳴叫的叫聲，目的是為了確認同伴的所在位置或個體，一般多為短促的發音。

鳴叫

與伴侶或同伴溝通、求愛時的叫聲，包含唱歌或模仿。

警戒聲

威嚇或感到憤怒時，就會發出這種聲音。

好希望鸚鵡能跳到自己手上~

建立信任後，就能實現囉！

大部分的鳥寶都會跳到飼主大人的手上，但這不是一接回家就能實現的唷！鸚鵡科與鳳頭鸚鵡科的鳥類容易遭遇猛禽攻擊，警戒心本來就比較強，在面對比自己還要大的**人類手掌**時，**會本能地感到恐懼**。因此，飼主大人要懷著愛意接近，**向鳥寶傳達「手不是可怕的東**

西～」才行。

等鳥寶不再對手掌感到恐懼後，就可以挑戰讓鳥寶在籠內跳上手！飼主大人可以先把手伸入籠中，將手指放在鳥寶的腹部下方。鳥寶面對來到下腹部的手指時，會反射性地伸出單腳站上去。接著只要稍微抬高手指，鳥寶便會為了保持平衡，放上另一隻腳囉！當鳥寶的雙腳都站在手指上後，飼主大人就可以一邊輕晃手指一邊呼喚鳥寶的名字或唱歌，讓鳥寶感到開心。等一切習慣後，就在籠外挑戰看看吧！

不過，**有些鳥寶不太親人，可能是因為牠比一般的鳥都膽小**。即使如此，也請不要放棄，只要飼主大人持續給予耐心和愛心，總有一天鳥寶會站上手的！

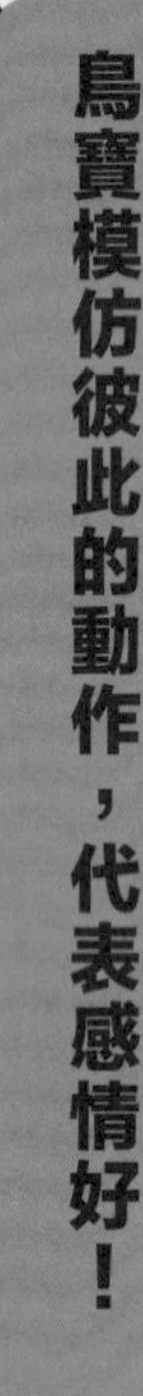

鳥寶模仿彼此的動作，代表感情好！

因為感情好才會模仿！

牠在整理羽毛！我也來整理羽毛！接著是吃飯啊？那我也來吃吧！習慣群居生活的鳥類，會透過與夥伴或伴侶同時起飛、進食來保護自己，因為做出異於群體的舉動，很容易被天敵盯上。因此，如果家養鳥模仿其他鳥類的動作，

就代表牠們將對方視為夥伴，這點在飼主大人身上也適用。當飼主大人開始吃飯，鳥寶也會跟著進食；飼主大人正在唱歌的話，鳥寶也會想要一起唱！正因為鳥寶的內心萌生了夥伴意識，才會想跟著做出相同的行為唷～

此外，飼主大人也可以利用這個習性來改變鳥寶的想法！舉例而言，當鳥寶對新玩具不感興趣時，飼主大人可以先在鳥寶面前玩得很開心。如此一來，喜歡做出相同行為的鳥寶，可能就會產生「想要模仿」的想法，變得願意玩玩具喔！

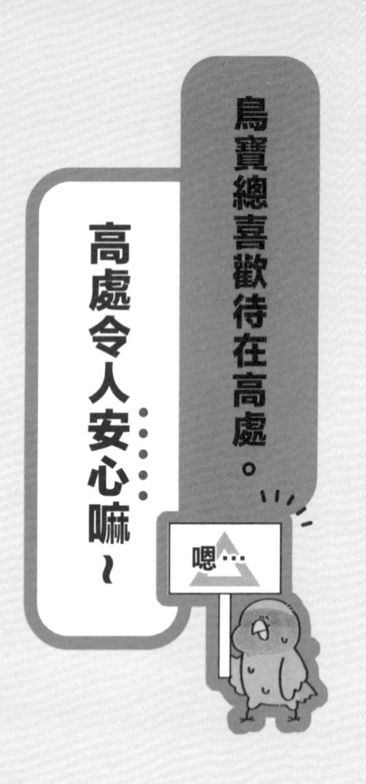

鳥寶總喜歡待在高處。
高處令人安心嘛……~
嗯…

如果在客人到訪時放風，不少鳥寶都會一溜煙地飛到空調機或窗簾桿上。牠們之所以逃往高處，其實是為了尋求安全、安心的空間。**鸚鵡科與鳳頭鸚鵡科的鳥類時常會被鵰、鷹等猛禽從上空襲擊，待在高處是牠們的自保行為**，愈高就愈有安全感。不過，如果鳥寶總是待在高處，很可能是在顯示自己的地位高人一等呢（↓167頁）！

你上不來吧！

鳥寶歪頭，代表正在思考。

不對！只是為了看得更清楚啦～

當有新玩具或點心靠近時，鳥寶常常會歪頭。在飼主大人的眼中，可能會以為鳥寶在表達疑惑，但這其實代表上方有我們想要看清的東西唷！人類的眼睛位於臉部正面，但鳥類的眼睛大多長在側邊對吧？48頁曾提到，鳥寶的視覺非常發達，所以歪頭並不是因為我們看不到，而是**當鳥寶想仔細觀察時，就會把頭歪向一邊，讓眼睛正面對準想看的東西**。

鳥寶瞳孔縮小……是嚇到了嗎？

正確來說，是在興奮啦！

人感到驚訝時瞳孔會縮小，但鳥寶的瞳孔縮小時，**大部分是因為感到緊張或有趣的興奮表現。**

此外，當鳥寶的瞳孔忽大忽小、反覆閃爍時，則可能是處於「既害怕又好奇」的複雜情緒中！

如果一直盯著看，會嚇到鳥寶嗎？

如果是信任的人，就不會怕喔！

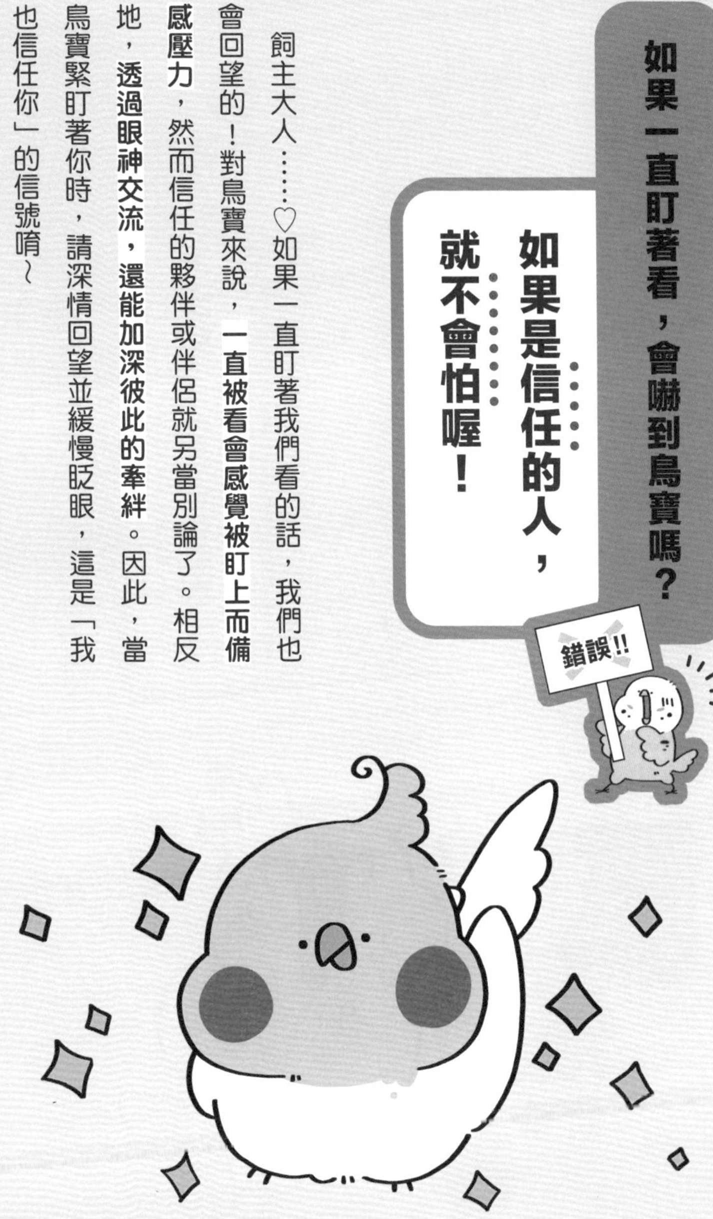

飼主大人……♡如果一直盯著我們看的話，我們也會回望的！對鳥寶來說，**一直被看會感覺被盯上而備感壓力**，然而信任的夥伴或伴侶就另當別論了。相反地，**透過眼神交流，還能加深彼此的牽絆**。因此，當鳥寶緊盯著你時，請深情回望並緩慢眨眼，這是「我也信任你」的信號唷～

鳥寶變成三角眼了!! 生氣了嗎？

沒錯！我很生氣……！

真是的！這種表情一看就知道是生氣了吧？當鳥寶的眼睛上吊成三角形，就是在表達不愉快的情緒，或是在遏止對方不要靠近。只要注意鳥寶的眼神，應該馬上就能理解鳥寶正在感到憤怒。然而，鳥類的表情肌並不發達，因此無論憤怒值是10％還是100％，鳥寶的表情看起來都是一樣的。

鳥寶一直眨眼，是灰塵跑進去了嗎？

這、這是緊張的表現啦！

鳥寶感到緊張或害怕時，眨眼的次數就會增加。尤其處於警戒狀態、壓力大時，更會頻繁眨眼。不過這是無意識的行為，我們並不會有自覺。咦？你說有些人類也會在緊張時頻繁眨眼嗎？感覺能跟他們成為好朋友呢！話說回來，我們在想睡覺或剛起床時也會一直眨眼，這時請讓鳥寶好好休息唷～

輕撓鳥寶時，感覺牠很舒服呢！

……沒錯！不要停～

搔癢真的好舒服呀～♡被飼主大人用手指摸頭時，忍不住就會露出沉醉的表情呢！我們感覺更舒服的時候，嘴巴也會不小心張開喔～♡這是因為當鳥寶感到放鬆時，鳥喙的肌肉也會在無意間鬆弛下來。希望飼主大人能多摸一下～♪不過，請注意別摸過頭，引起發情喔！

一直張著嘴，真沒規矩。

呼…呼…這是太熱的表現啦!!

天啊！這房間也太熱了吧!?鳥寶張嘴，**其實是為了讓體內蓄積的熱氣透過用嘴呼吸來散熱**。再這樣下去就要中暑了，請馬上調節室溫！另外，鳥寶稍微抬起翅膀也是過熱的信號，因為鳥類會從翅膀內側散熱以調節體溫。炎熱的夏季，當飼主大人外出或睡覺而關閉空調時，就有可能讓鳥寶陷入中暑危機，請多加留意！

鳥寶會張嘴吐舌地做鬼臉呢（笑）！

錯誤!!

我們其實在討飯吃啦……！

居然說我在做鬼臉，真失禮！我們就是看到飼主大人在吃點心或用餐，才會以這種方式表示「我也想吃♪」啦！做出這種行為，不只是因為鳥寶想吃美食，**還因為和喜歡的人享用一樣的食物，鳥寶就會感到很開心**的關係喔！而且看到同伴或伴侶在吃，就代表食物安全無毒，可以放心食用。所以分我們一口吧！……開玩笑的啦～就算鳥寶央求，也絕對不可以給我們吃人類的食物唷（↓32頁）！

鳥寶也會打哈欠。

……沒錯！而且還會被傳染！

呼哈……我好像被那隻虎皮鸚鵡傳染哈欠了。

據說**哈欠傳染是彼此互有共鳴的證據**，果然是什麼都喜歡一起行動的鳥呢～話雖如此，在非哺乳類動物中，**被證實有哈欠傳染現象的就只有虎皮鸚鵡呢**！

不過，如果發現鳥寶是在換羽期頻繁打哈欠的話，可能是牠不小心吸入了破碎的羽鞘而喉嚨搔癢，這時要讓鳥寶喝水唷～

鳥寶在磨牙！

這是睡前磨喙……~

錯誤!!

我們沒有牙齒（↓56頁），所以不會磨牙唷~

啊！差不多該睡了，在這之前先磨個喙吧……我懂了，原來你指的磨牙是這件事啊！鳥喙長得太長會影響生活，所以**鳥寶會在睡前上下摩擦鳥喙，維持光澤與形狀**。但有些鳥寶不只在睡前，就連睡著後也會磨擦保養。此外，鳥喙有可能因疾病而變硬或變脆弱，飼主大人要多多觀察唷！

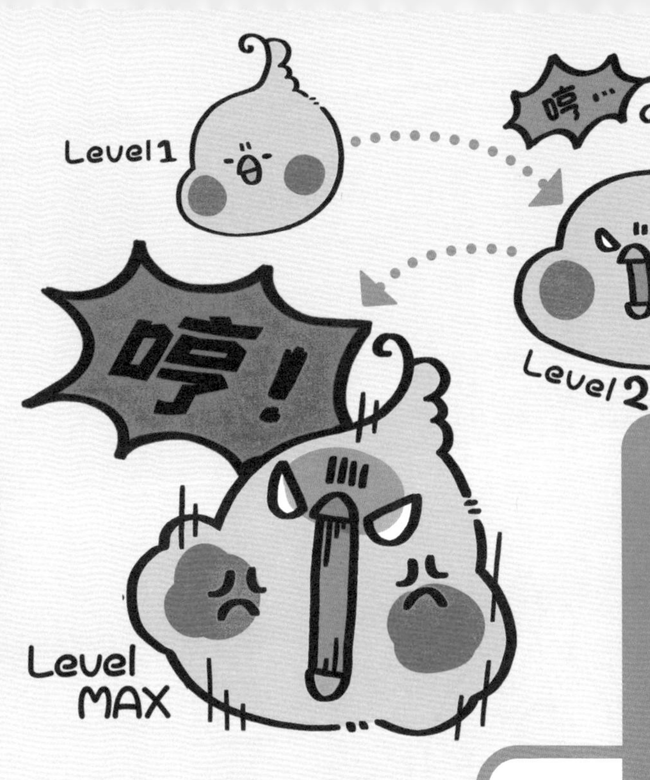

鳥寶的臉突然變大了！這是變胖了吧……？

我們是生氣到炸毛了啦！

錯誤!!

哎呀呀～飼主！你看那隻鸚鵡**臉上的毛炸成那樣……好像非常憤怒耶**？已經氣到腦充血了吧？牠的眼睛恐怕也已經瞇成三角形（→82頁）了。如果牠還發出「哼」的一聲，就千萬別靠近。憤怒值達到頂峰的鳥寶，很可能會咬人喔！**這種時候先道歉，讓**鳥寶自己平息怒氣，才是明智之舉。

鳥寶豎起羽冠，是靈光乍現了！

不對！這是興奮的表現！

錯誤!!

羽冠是鳳頭鸚鵡科的特徵，這束羽毛的動態跟鳥寶的意志無關，而是受情緒影響，可謂是鳥寶的「心情晴雨計」。只要觀察羽冠，就能讀懂鳥寶現在的心情囉！

羽冠豎立是情緒高漲的表現，鳥寶可能感到害怕、因看見陌生人而緊張，或是拿到點心而興奮不已等。此外，鳥寶生氣時也會高高豎起羽冠，讓自己的身形看起來比較大，好威嚇對方。

不過如果羽冠只翹起一點，就可能是鳥寶正感到惶恐不安。雖然有根這麼明顯的晴雨計，但情緒十分多樣，飼主大人還是要同時觀察行為，再進行判讀唷！

鳥寶羽冠平貼是在難過嗎？

錯誤!!

不對唷～
我們只是在放鬆……～

前面提到羽冠是鳥寶的心情晴雨計（↓90頁），但不代表鳥寶在難過時會垂下羽冠。羽冠平貼代表**鳥寶處於悠閒的放鬆模式**，想閒散又安穩地度過一段時光。飼主大人不妨也在附近一起放鬆吧♪但請不要打擾或妨礙鳥寶的放鬆時光唷～如果硬是叨擾的話，可能會被認為是不會察言觀色的人呢！

擺動羽冠代表在接受訊號？

這是內心動搖的表現……

前幾頁提到，鳥寶情緒高漲時會豎起羽冠（↓90頁），放鬆時則會傾倒（↓92頁）。當羽冠上下擺動時，**則是代表鳥寶當下的內心搖擺不定**，處於「既害怕又覺得有趣，想要靠近」的複雜心理。難以抉擇之下，就會直接表現在羽冠上。這時飼主只要說聲：「很好玩唷！」我們或許就能做出決定、挑戰看看唷！

鳥寶體型嬌小，聲音也很小吧？

有的鳥寶可以發出如汽車喇叭的聲音唷！

錯誤!!

可別小看我們的音量了！住在視野不佳的叢林或有遷徙習性的鳥類，為了用聲音與同伴溝通，嗓門都非常大。據說大型金剛鸚鵡甚至能發出跟汽車喇叭一樣大的聲響！不知道飼主大人的耳朵能不能承受……相反地，住在草原等空曠處的鳥類，聲音似乎就相對小一些。

不要學我的口頭禪啊～

好過分！我們明明是在對話……！

飼主大人不是常常會說「糟糕了！」或發出「嘿咻！」的聲音嗎？鸚鵡科和鳳頭鸚鵡科的鳥類會發出與對方相同的聲音，藉此與同伴或伴侶溝通唷！換言之，模仿最喜歡的夥伴是件很特別的事。正因為我們很愛飼主大人，才會想發出一樣的聲音呢～而且我們特別容易記住充滿情感的字眼。像是「好痛！」等飼主大人常會不經意脫口而出的話，因為充滿情感，我們不小心就會記起來了～

通知音!? 被騙了……這是在捉弄我嗎？

因為擅長模仿的……雄鳥比較受歡迎……嘛！

錯誤!!

嗶囉♪飼主大人，這不是訊息提示音，是我模仿的聲音啦～鳥寶能傳神地模仿聽過的聲音，不管是電話、玄關門鈴，還是洗衣機結束時的提示音，只要是日常生活中常聽見的聲響，鳥寶大多能模仿得維妙維肖。這項技能其實也是雄鳥受歡迎的關鍵喔！**能發出變化愈豐富的聲音，就代表這隻雄鳥愈優秀**，因此鳥寶總會試圖模仿聽過的聲音。擅長模仿的雄鳥，通常是較聰明的個體。

鳥寶說夢話好可愛～♪

我其實是在練習說話……～

早安……可愛……等等！不要干擾我啦!!我正在重複白天聽到的話，這樣才能好好記住！鳥寶必須透過睡眠來穩固記憶。鳥寶睡覺時，淺眠的快速動眼期和深層睡眠的非快速動眼期會不斷交替。處於淺眠階段時，鳥寶會反覆發出當天學到的單字或旋律的聲音，以便牢牢記住。不過，有時可能真的只是在說夢話。話雖如此，邊睡邊練習說話的話，果然也算夢話吧……？

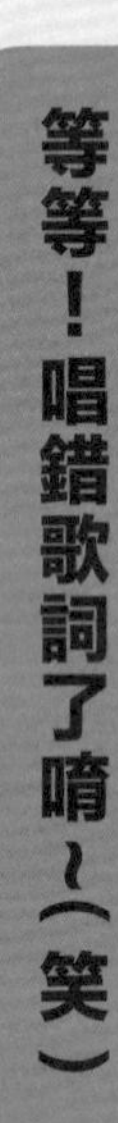

我們故意改編的～

說什麼唱錯，真是多管閒事！**我們只是改編學會的歌，把原曲唱成自創曲罷了。**你問為什麼要這麼做？當然是為了向雌鳥展示我能比其他雄鳥唱得厲害囉！愈會改編，就代表我愈聰明能幹呢～

野外的鳥在幼鳥時期，便會由父親傳授歌唱技巧。因此即使是同一種鳥，唱法也不盡相同。然而，鳥寶自己會時不時改編，所以孫子的唱法可能和爺爺不同。虎皮鸚鵡每年都會把學到的歌曲改編成新的原創曲；十姊妹更是會串連附近雄鳥發出的旋律，唱出自己的獨家曲調。據說鳴禽類（麻雀的同伴）唱出的旋律中，有90％與父親一致，剩下的10％則會自行改編。

不過，也並非所有鳥類都會增添變化，像是斑胸草雀就只會原汁原味地繼續傳唱父親傳承的原曲。

鳥寶獨自唱歌……是在練習嗎？

錯誤!!

……自己唱卡拉OK超嗨的！

嗶、嗶、嗶～♪咦？怎麼感覺有人在看我……前面提到，鳥寶會在睡覺時練習說話或唱歌（↓97頁）。如果我們是在四下無人時獨自唱歌，**就只是單純在享受**，就像在唱單人卡拉OK呢～鳥類鳴唱時，大腦會分泌稱為「腦內啡」的類鴉片物質，所以唱歌會讓我們感到很興奮唷！

鳥寶聽到吸塵器的聲音就大叫！牠很害怕嗎？

這是在確認生存狀況！

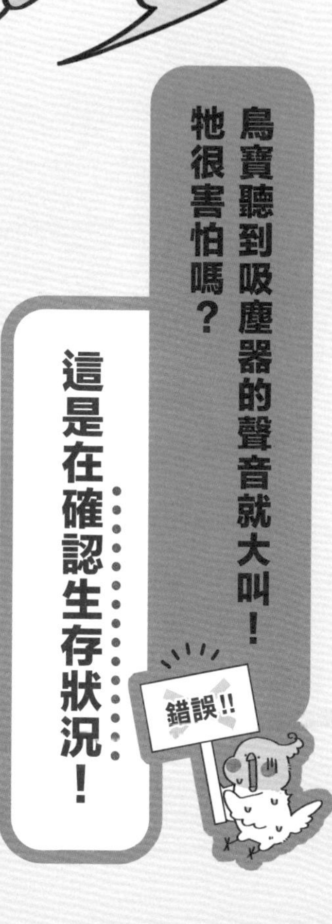

喂～大家在嗎～!?一切安好嗎～!?什麼？原來是吸塵器的聲音啊！我還以為下暴雨了呢～熱帶雨林地區在雨季來臨時會下大雨，**這時不僅視野很差，雨聲也很大，所以生活在該地區的鳥寶會以互相鳴叫的方式來確認同伴的位置**。住在乾燥地區的鳥寶聽到雨聲時也會鳴叫，但是為了聯絡同伴，示意要動身前往下雨的地方。因為有雨水，就代表將長出能食用的植物。

鸚鵡怎麼一直叫，我到一邊去好了。

我在叫你耶！別走哇！

我一直在呼喚，飼主大人卻遲遲不過來，好過分！**反覆大叫，其實是鳥寶在呼喚飼主大人的「呼叫聲」**。鳥類會利用叫聲來溝通，不會無緣無故地大叫。原因可能是鳥寶想吃飯，或覺得無聊、感到孤單等。總而言之，會叫一定有理由。雖然這可能讓飼主大人感到困擾……

一旦學會發出叫聲能喚來飼主大人，之後鳥寶想呼喚飼主大人時就會大聲鳴叫！如果飼主大人一直不來，還會不斷叫到來為止！而且即使被大聲喝斥，鳥寶也只會以為獲得了反應而感到開心，忍不住又想叫喚。不過，如果真的叫不來飼主大人，我們也只好放棄了……

當聽到鳥寶不斷鳴叫，飼主大人可以觀察牠正處於什麼情況以及鳴叫的程度。希望飼主大人能找出原因，替鳥寶解決問題唷！

column③ # 鳥寶生活_驚喜趣聞

柚子、小萝、小海、小曲、麗塔（桃面愛情鸚鵡）

飼主：柚子媽媽

喜歡鳥的女兒不斷要求「想要養鳥」，但我一開始認為「鳥和人不太能溝通」，所以總是拒絕。

後來在女兒再三懇求下，我們家還是開始養鳥了。之後我才明白，原來鳥有如此豐富的表情與深刻的情感。
小小的身軀裡，充滿了對人類、鳥類伴侶和夥伴大大的愛、愛、還有愛♡
與鳥生活後，我驚訝地體認到「鳥的愛有宇宙那麼大」，現在我已完全被牠們的魅力擄獲了！

PART 4 鳥寶的愛意

鳥寶的愛意超基本知識

一起來瞧瞧鳥寶有哪些愛的展現吧！

一夫一妻制

鸚鵡科與鳳頭鸚鵡科的鳥類都是公母成對的一夫一妻制，配對間有很強的牽絆，會協助伴侶一起哺育幼鳥。

愛的表現有很多種

鳥寶會以整理羽毛等肢體接觸，與伴侶培養感情；對於情敵則會有嫉妒或宣示地盤等行為，還會挺身而出捍衛伴侶。

有發情期

當長大成為成鳥後，便會迎來發情期，為生寶寶做好準備。雄鳥進入發情期時，會特別具有攻擊性。

瞭解「發情」

反覆發情會致病!?

鳥類的發情期基本上為一年1～2次，然而一旦有發情的契機，還是有可能在一年之中反覆發情。但不斷發情會對鳥寶的身心造成負擔，很可能致病。各位飼主應瞭解鳥類發情的徵兆（→114～116頁），並在日常生活中多留意以下事項，抑制鳥寶發情。

如何抑制發情？

- ☐ 飼料僅餵食必要的量
- ☐ 不要給鳥能築巢的材料
- ☐ 堵住狹窄的地方
- ☐ 將明亮時間控制在12小時內
- ☐ 不要讓環境過於溫暖
- ☐ 避免給予鳥形的玩具

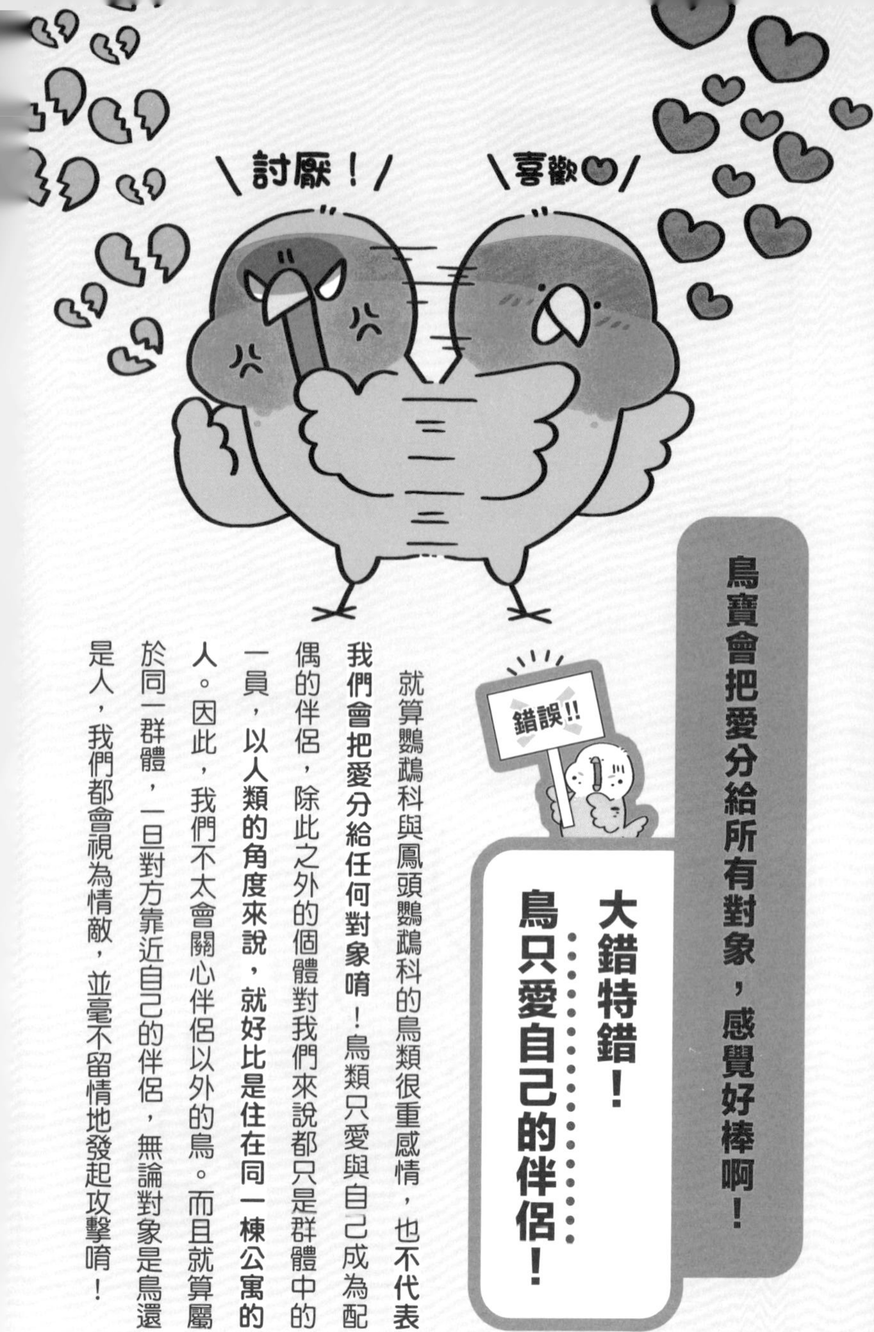

鳥寶會把愛分給所有對象，感覺好棒啊！

大錯特錯！鳥只愛自己的伴侶！

就算鸚鵡科與鳳頭鸚鵡科的鳥類很重感情，也不代表我們會把愛分給任何對象唷！鳥類只愛與自己成為配偶的伴侶，除此之外的個體對我們來說都只是群體中的一員，以人類的角度來說，就好比是住在同一棟公寓的人。因此，我們不太會關心伴侶以外的鳥。而且就算屬於同一群體，一旦對方靠近自己的伴侶，無論對象是鳥還是人，我們都會視為情敵，並毫不留情地發起攻擊唷！

鳥寶會與自己的伴侶共度一生，好浪漫♡

不不～我們還是會分手的。……

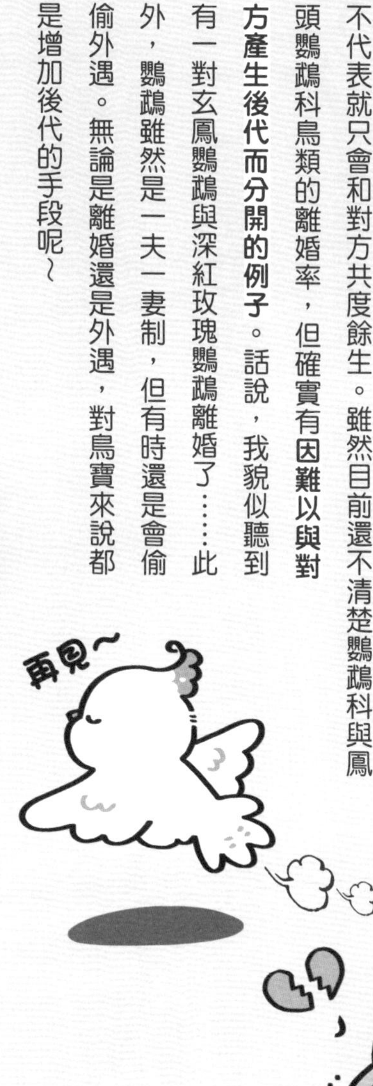

前面提到，鳥類只愛與自己成為配偶的伴侶（↓108頁），但不代表就只會和對方共度餘生。雖然目前還不清楚鸚鵡科與鳳頭鸚鵡科鳥類的離婚率，但確實有**因難以與對方產生後代而分開的例子**。話說，我貌似聽到有一對玄鳳鸚鵡與深紅玫瑰鸚鵡離婚了……此外，鸚鵡雖然是一夫一妻制，但有時還是會偷偷外遇。無論是離婚還是外遇，對鳥寶來說都是增加後代的手段呢～

鳥寶就算夫妻吵架也不用道歉，真好~

需要和好喔！這可是夫妻和睦的關鍵！

錯誤!!

哎呀哎呀~飼主大人和伴侶吵架後，都不會尋求和解嗎？這樣的話，想要白頭偕老可是天方夜譚呢~對於群居生活的鳥類來說，要**安心又安全的生活，就必須與同伴**建立良好的關係。和住在同一棟公

寓的人打好關係，遇到意外時才比較能獲得幫助嘛！

虎皮鸚鵡的雌鳥性格較具攻擊性，因此牠們經常吵架。然而就算吵架了，牠們也會立刻採取一些「友好行為」來重歸於好，例如：緊貼伴侶、替對方整理羽毛等。根據實驗結果顯示，有超過60％的虎皮鸚鵡伴侶會在吵架後的30秒內和好！為了夫妻和諧，必須速戰速決！飼主大人也向虎皮鸚鵡看齊，趕緊和伴侶和好吧～

鳥寶和自己的伴侶都長得好像～

我們喜歡與自己相似的對象……♡

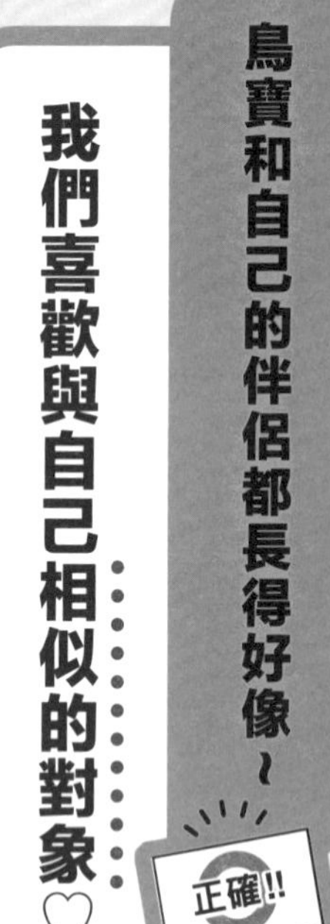

為什麼虎皮鸚鵡不會與桃面愛情鸚鵡或玄鳳鸚鵡結為配偶呢？你是不是覺得很不可思議？原因就在於**鳥類之間有「選型交配」機制，會傾向喜歡與自己外型相似的對象**。據說鳥類與自己相似的對象成為配偶後，彼此還會愈來愈相像，提高叫聲和行為的同步率。順道一提，人類之間也有選型交配的現象，飼主大人與伴侶的口頭禪或動作確實很像呢～

雄鳥會比較喜歡人類女性嗎……？

喜歡無關性別……！

鳥類能分辨人類的外表和性別，但不代表雄鳥就喜歡女性、雌鳥就喜歡男性唷！舉例來說，性格膽小的鳥寶只要有人靠近就會咬人，但如果遇到和常照顧自己的女店員相像的人，就不會咬人了。因為鳥寶的記憶中有「女性對我比較溫柔」的印象，就會比起男性更喜歡女性。

怎麼突然吐了!? 要帶去看醫生才行！

錯誤!!

這是給愛人的禮物啦……！

說到雄鳥贈予雌鳥的禮物，最經典的就是「反芻」，也就是將吃下的食物移回口中並傳遞給對方的行為，這是一種充滿愛的求婚唷！因此，鳥寶也會對飼主大人做出這種行為，希望飼主大人收下呢♡

另外，有些鳥寶會誤以為鏡中的自己是另一隻鳥，於是對著鏡子反芻。原因則正如112頁所述，鳥寶很容易與自己外型相似的對象一拍即合呢♪

不要在我的頭上磨屁股啦！

這是雄鳥的求愛行為唷~

啊~看來那隻雄鳥對飼主大人的愛達到頂點了呢！當雄鳥再也無法抑制自己喜歡的情緒時，就會用屁股來磨蹭發情對象，請求交配。因此，當鳥寶用屁股磨蹭飼主大人的頭或手時，就代表牠想與飼主大人生寶寶唷！不過，飼主大人是沒有辦法實現這個願望的……所以接受鳥寶的愛意後，建議不要再給予更多刺激，並稍微拉開距離唷~

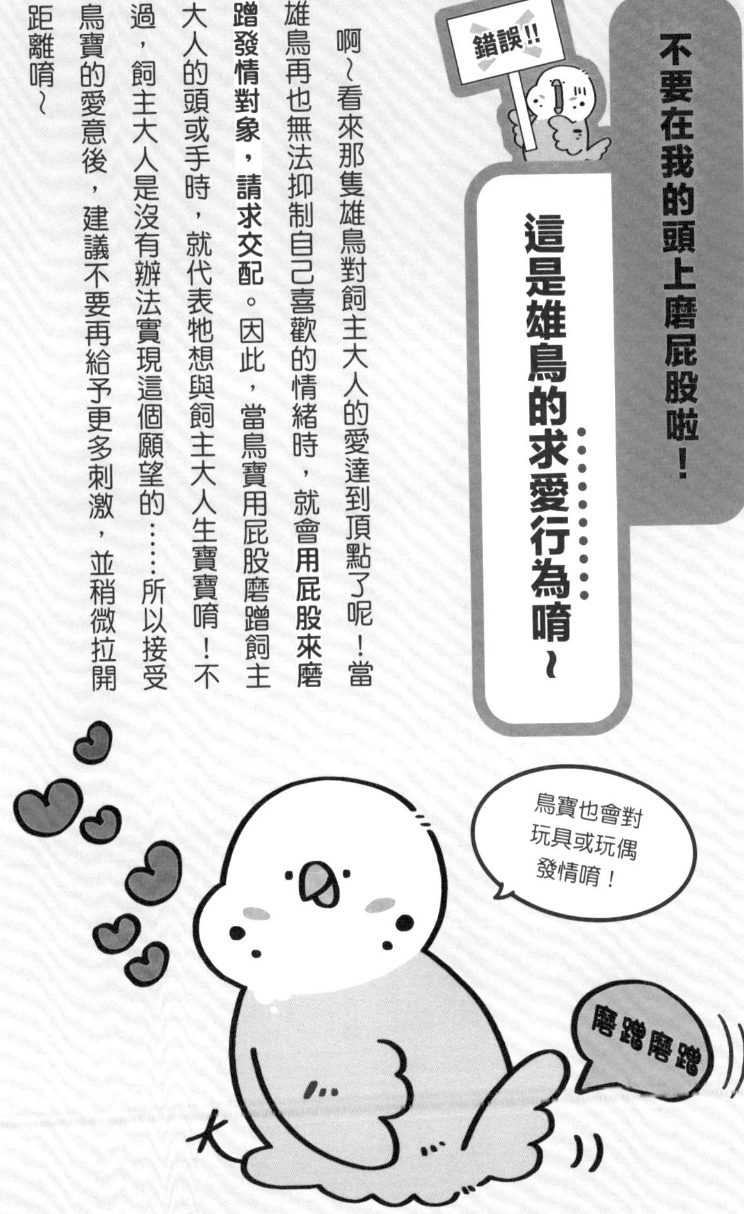

錯誤!!
鳥寶也會對玩具或玩偶發情唷！
磨蹭磨蹭

PART 4 鳥寶的愛意

總覺得鳥寶老是把屁股朝向我。

這是想與飼主大人生寶寶的表現！

115頁介紹了雄鳥的求愛行為，對發情對象抬屁股則是雌鳥的求愛行為。當被最喜歡的飼主大人摸到興頭上時，雌鳥便會轉身抬起屁股，表示：「我已經隨時準備好交配囉♡」然而，無論是雄鳥還是雌鳥，過度發情都會消耗體力，對心理也是種負擔……為了避免不必要的發情，建議飼主大人看見鳥寶出現求愛行為時，應適當地保持距離唷！

鳥寶自己開籠出來了！這是想出來蹓躂吧？

不是！這是……受歡迎的技巧★

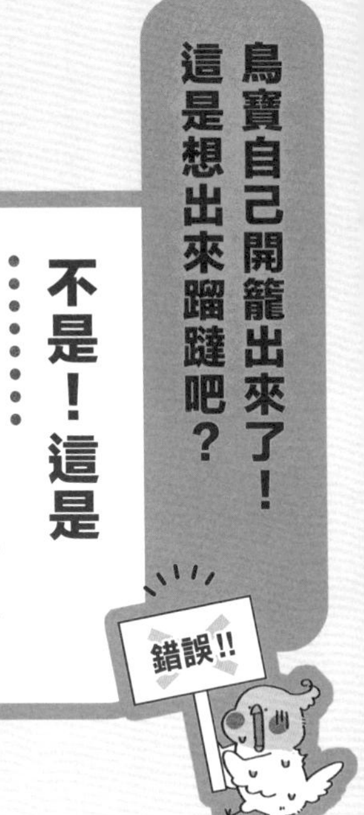

「門沒上鎖！好機會！」如果有雄鳥能成功開籠出去，絕對能吸引雌鳥的注意！**雄鳥會藉由挑戰、解決一些困難的事情，來突顯自己很聰明**，例如：打開鳥籠的門、打開裝有飼料的容器等。鸚鵡科與鳳頭鸚鵡科的鳥類需合力哺育幼鳥，而育兒時必須具備解決問題的能力，因此「聰明優秀」便成為了雌鳥評判雄鳥的標準囉！

是蛋！會生出怎樣的鳥寶寶呢～

……無精蛋生不出寶寶唷！

哎呀哎呀～明明將飼主大人視為伴侶，卻自己生了顆蛋呢！**雌鳥只要到了發情期，就能生蛋。因此就算沒有交配，也會生出沒有受精的無精蛋**。然而，生蛋會對雌鳥的身體造成負擔，還可能發生蛋卡在輸卵管等疾病，應盡量避免讓雌鳥過度發情。此外，就算鳥寶生了蛋，也不能馬上取走！這樣會讓雌鳥以為蛋不見了，又繼續生唷！

鳥寶一直親我，讓人好害羞啊！

因為親嘴很舒服嘛～

正確!!

親吻是鳥寶與心愛伴侶進行肢體接觸的方式之一！人類也會這麼做對吧？用鳥喙親吻就跟反芻（↓114頁）、整理羽毛（↓120頁）一樣，是種確認愛意的行為。鳥喙前端能感受到溫度與質地，可以說就是鳥類的性感帶。因為親親對鳥寶而言是很舒服的事，隨時隨地都想這麼做呢！

咦？鳥寶在互吃羽毛？
我們正在整理羽毛……，
與同伴交流感情～！
錯誤!!
輕咬、輕咬、輕咬……替伴侶整理羽毛，必須全神貫注才行呢！配偶之間互相整理羽毛是種親密的肢體接觸，不僅能互相確認彼此的感情、建立安
輕咬
輕咬
輕咬
輕咬

全感，還能加深與伴侶的牽絆。而且刺激羽毛能讓我們感到很舒服唷～當然，鳥寶也會自行梳理羽毛以維持羽毛狀態，不過我們很喜歡在同樣的時間點做相同的事（↓76頁），所以會不自覺同步行為呢♪

此外，如果將飼主大人視為伴侶，我們也會像對鳥類同伴一樣，替飼主大人整理羽毛喔！……雖然飼主大人沒有羽毛就是了。所以，我們會以**輕咬頭髮、輕啄手指甲緣的脫皮等方式，來替飼主理毛唷**！咦？你說很痛？還請忍耐一下！結束後就換你替我撓撓囉♪

column④ # 鳥寶生活_驚喜趣聞

小麻、核桃、布丁、魁蒿、香草（虎皮鸚鵡）

飼主：桃子

一開始接回家的虎皮鸚鵡恰巧是一公一母，於是牠們後來有了小孩。然而，鳥寶寶們出生後的顏色完全不同，這讓我感到十分驚訝！

爸爸小麻是黃化個體，媽媽核桃則是藍色的。
小孩們分別是黃化的布丁、綠色的魁蒿，以及白化的香草。

基因遺傳真是奇妙啊～

PART 5

鳥寶的心理②

鳥寶的心理② 超基本知識

為了讀懂鳥寶的內心世界，本章將介紹牠們的習性、表情與叫聲。

情感表現

鳥寶心情好時，會用全身來表現。這時如果模仿牠的動作，牠會感到更開心唷！

鳥寶生氣時，也會用肢體語言展現。隨著憤怒指數升高，還會加上叫聲或表情來表達。

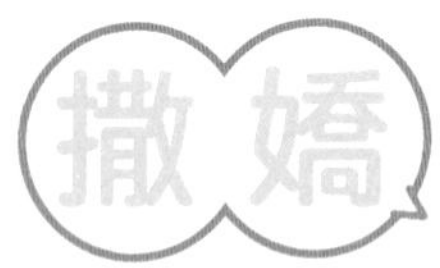

鳥類是很怕寂寞的動物，因此會向伴侶撒嬌或刷存在感唷！

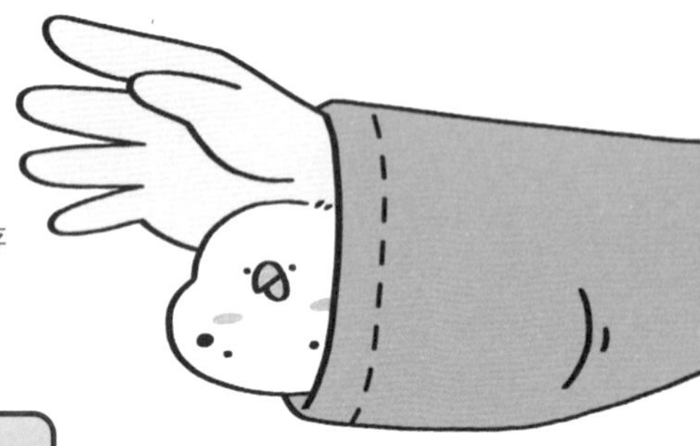

悲傷將導致關係惡化

當鳥寶感覺遭到忽視或被欺負時，就會感到悲傷。這種難過的情緒會讓鳥寶覺得自己「被信任的伴侶背叛」，於是開始討厭飼主。這時飼主就必須透過不懈努力，才能修復彼此的信任。

行為

①本能　與生俱來的行為。看見可怕的東西會逃跑或發情等，都屬於本能行為。

窺視孔洞

因恐懼而焦慮

躲進狹窄空間

②學習　根據經驗學會的行為。
鳥類會觀察飼主的反應來學習。

①飼主不過來，我就嘗試大叫來呼喚！

②飼主來了！

③原來只要大叫，飼主就會過來！

成長過程

蛋

生出的鳥蛋大約20天會孵化。

雛鳥、幼鳥

▼出生後 1 ～ 5 個月

需要父母照料的時期。鳥寶會在這段期間學會如何自行進食，且與人類一樣出現第一個叛逆期。

亞成鳥

▼出生後 5 ～ 8 個月

長出成羽的換羽期。這個階段鳥寶即將離開父母，開始獨立，為了讓鳥寶社會化，應多多進行肢體接觸。

成鳥

▼出生後 8 個月～ 4 歲

身體逐漸成熟的時期。又分為迎接性成熟的前期，與適合繁殖的後期。第二次叛逆期也是出現在這個時候，鳥寶的身心較容易失衡。

壯年鳥

▼ 4 ～ 8 歲

發情稍有收斂，是精神較穩定的時期。由於鳥寶在這時常閒來無事，需留意拔毛等問題行為。

老鳥

▼ 8 歲以後

活動量逐漸趨緩，出現老化徵兆的時期。喜歡安穩度日，例如：站在飼主手上梳理羽毛等。

鳥寶一直搖頭晃腦，代表很興奮吧！

沒錯！這是我們興高采烈的表現唷！

飼主大人要跟我玩嗎!?太棒啦～！當鳥寶上下晃動腦袋時，就是心情絕佳、興致盎然的表現。**鳥寶能預測飼主大人的行動**，像是「飼主大人結束工作，終於能跟我玩了」、「飼主大人拿著罐子，

代表我有點心了」等等，**因此會表現出溢於言表的興奮行為**。隨著興致逐漸高漲，頭部的律動也會更頻繁！鳥寶還會漸漸單純享受起搖頭晃腦的行為，甚至舉起腳爪、張開翅膀，開始手舞足蹈起來。這時，如果飼主大人能跟著我們一起跳就太好了！畢竟鳥寶很喜歡什麼事情都一起嘛～

不過，如果鳥寶在晃頭後出現反芻（→114頁）行為，就要注意了。這可能是發情的信號，應避免肢體接觸來加以抑制。此外，鳥寶左右晃動身體，有時是心情好、有時則是在生氣，這點也要多加留意（→139頁）。

「擺動雙腋」代表鳥寶正在請求我！

沒錯！快點陪我玩♡

好想和飼主大人一起玩喔～♡鳥寶想邀請飼主大**人一起玩耍或求零食時，就會稍微抬起翅膀、啪噠啪噠地拍動！**飼主大人之間似乎把這個動作稱為「擺動雙腋」。**我們感到開心時也會擺動雙腋，**希望飼主大人跟著擺動，與我們跳舞同樂！但如果鳥寶是在天氣炎熱時做，就得仔細觀察了。也可能是鳥寶正試圖驅散體內熱氣喔（↓149頁）！

鳥寶居然會鞠躬，好有禮貌！

意思是趕快摸摸我啦！

低頭……喂、喂喂！有看到嗎？不要只是看，**趕快摸摸我的頭或臉**啦～！飼主大人之間，似乎會把這種行為稱作「撓撓」。鳥寶低頭時，有時是在**請求飼主大人撓撓頭**唷！飼主大人忙碌的時後，鳥寶可能也會這麼做。如果總是被無視的話，我們可是會鬧彆扭的！即使摸一下也好，看到這個信號時，希望飼主大人能撓撓我們呢♪

鳥寶仰躺的模樣也太沒防備了（笑）

這是我們信任的證據～

正確!!

躺倒在飼主大人的手上，好舒服～♪我們絕不會在危險的地方露出肚皮，但**遇到信任的飼主大人時，就會放心地躺手心**！不過，要是你認為家養鳥都會這麼做，那可就大錯特錯了！鳥寶是否願意躺手心，取決於個體上的差異，因此不要過度期待唷～話說回來，聽說桃面愛情鸚鵡、橫斑鸚鵡與綠頰鸚哥中，不少鳥寶都願意躺手心呢！

鳥寶靠近我的嘴，是想咬我吧？

其實是想跟飼主大人聊天唷～

好希望能跟飼主大人聊天、唱歌啊～我可是知道嘴巴在動，就會有聲音唷！由於鳥寶知道人類是從哪裡發出聲音的，於是就會**突然靠近飼主大人的嘴巴，要求飼主大人跟自己說話呢**！另外，當人類閉著嘴咀嚼時，鳥寶也能看出是在進食！不過就算鳥寶因此靠近，也不能把人類的食物餵給鳥寶吃唷～

鳥寶在站棍上反覆橫跳……是在焦慮嗎？

我想快點玩耍！……快放我出去~

右踏踏、左踏踏……當鳥寶玩心大發時，便會在站棍上左右高速移動，**希望飼主大人快點放自己出去**！這時的鳥寶會想盡情地玩耍，出**籠後會渴望與飼主大人玩個不停**。建議好好陪鳥寶活動身體，或玩一些腦力激盪的遊戲，我們會更興奮唷！

鳥寶展翅時看起來很舒服，是在放鬆嗎？

不不，這是玩耍前的熱身運動……～

錯誤!!

差不多到放風時間了呢～好好伸展左翅和左腳、右翅和右腳，最後大大張開雙翼……好了，準備ＯＫ！**這個「起始行動」不僅等同玩耍前的熱身運動，也是鳥寶預備要做什麼的徵兆。**聽說飼主大人之間稱之為「伸展」。當鳥寶做伸展時，就代表我們已準備好隨時接受玩耍的邀請了，所以飼主大人趕快一起來玩吧～

鳥寶高速震動尾羽，代表我們覺得今天的玩耍已經告一段落！換句話說，**尾羽快速擺動是在暗示：「我已經滿足了，可以結束囉！」**這個舉動又叫**「結束行動」**。不只玩耍的時候，當鳥寶想結束現在進行的事、開始下一件事時，也會這麼做。舉例而言，鳥寶會在整理完羽毛後，先膨起羽毛、再擺動尾羽。不過，有些鳥寶也會以擺動尾羽的方式來打招呼呢！

鳥寶突然不停繞圈！是在找什麼嗎？

我們正在追逐尾羽……~

看到鳥寶突然開始不停轉圈，飼主大人應該會嚇一跳吧？但我們其實沒有在找東西，也不是陷入恐慌唷！**只是尾羽突然進入視線，導致我們想要去追罷了！**無論怎麼追也追不到，感覺就像獨自在玩鬼抓人呢~這樣的行為一般較常出現在好奇心旺盛的年輕鳥寶身上，就算看到也不用擔心，只要以溫柔的眼神注視著我們就可以囉！

鳥寶像孔雀一樣展開尾羽，是在求愛嗎？

才不是！這是在威嚇唷！

前傾身體、大大張開尾羽，其實是鳥寶的威嚇姿勢！表示我可是很強的唷～！雄性孔雀張開帶有漂亮紋理的尾羽，是為了向雌性告白；但**鸚形目鳥類張開尾羽，則是為了向對手彰顯自己擁有龐大的身形**。因此，喜歡待在高處展現威風（↓167頁）的鸚鵡科或鳳頭鸚鵡科鳥類，可能會很常向飼主大人展現出這樣的姿態唷～

鳥寶左右晃動身體，代表心情很好吧！

正好相反！是我生氣了！……

請仔細觀察左右晃動身體的鳥寶，真的像在跳舞嗎？難道不是在生氣？當鳥寶左右晃動身體時，是非常憤怒的表現。**因為透過晃動身體，能讓體型看起來更巨大，給對手帶來壓迫感。**不僅如此，這個動作常與三角眼、臉部炸毛等行為同時出現。如果飼主大人誤以為鳥寶在興奮地搖頭晃腦（↓128頁），小心可能會被狠咬一口呢！

我真的生氣囉……

鳥寶照鏡子都會很煩躁呢！

沒錯！因為那是陌生的鳥……！

什麼？這鳥是誰啊？別闖入我的地盤——!!當鳥寶誤把鏡中的自己當成其他陌生的鳥時，就會開始發動攻擊。鳥寶不瞭解鏡子的原理，就會以為是有誰突然闖入。然而，有些鳥寶則會愛上鏡中的鳥，因為鳥類很容易喜歡上與自己相像的個體，很可能因此一見鍾情。不過，如果鳥寶對著鏡子出現反芻等發情行為時，建議收起鏡子，以免過度刺激鳥寶唷～

鳥寶翻倒飼料盒……該不會是生氣了吧!?

因為不合胃口，正在洩憤……！

用鳥喙叼起飼料盆，然後「嘿呀——!!」一聲翻倒後，心情就比較舒暢了呢~**鳥寶翻倒飼料盆是一種發洩壓力的舉動**，可能是飼料不合胃口，或是不喜歡正在播放的音樂……但也可能只是單純感到煩躁而已。這時，飼主大人若是聞聲趕來問道：「怎麼了嗎？」就太幸運了！因為這樣我們就知道，只要翻倒飼料盆，就能把飼主叫來囉！

鳥寶拍動翅膀，是想要飛嗎？

我們在讓心情冷靜下來……～！

錯誤!!

咦？飼主大人還想玩嗎？可是我已經做出結束行動（↓136頁），今天玩夠了耶……好煩呀！當**鳥寶感到煩躁時，就會拍打翅膀來讓心情冷靜下來**……這時如果繼續打擾，鳥寶可能就會真的生氣。所以看到這個舉動時，就應該把鳥寶送回籠中囉！然而，如果鳥寶是以起飛的氣勢拍動翅膀，則意味著「還想再玩」。飼主大人要好好分辨這兩種截然不同的信號唷！

真是的～

……怎麼感覺變瘦了？

因為害怕，才緊縮身體啦……

錯誤!!

唔哇……！鳥寶感到恐懼或緊張時，就會將羽毛緊貼身體，整隻變得十分細長，體型大約會變成平時的一半。很多飼主大人看到，都會嚇一跳呢！這樣僵硬的姿態會持續好一陣子，不過只要令鳥寶恐懼的東西消失，或鳥寶掌握狀況後，又會回到毛茸茸的模樣，還請放心～順道一提，壓低姿勢也是我們感到恐懼或緊張時的表現唷！

鳥寶後退是因為害怕嗎？

才、才不怕呢！

不，確實好可怕……

正確!!

那、那是什麼……!?感覺有點有趣，但好像很可怕……該怎麼辦才好……?從鳥寶後退的行為，相信可以感受這樣的情緒。**雖然害怕得想逃離，可是在好奇心的驅使下又無法斷然離開，於是就演變成慢慢後退的模樣了。**換言之，鳥寶感到既恐懼又好奇時，就會開始後退。從80頁的眨眼、93頁的晃動羽冠，也可以看出這種複雜心理的端倪唷！順便一提，據說文鳥不會後退，因為牠們無法倒退走呢～

鳥寶在籠中暴動！這是叛逆期的表現！

我們正陷入恐慌啦⋯⋯~!!

咦？什麼!?好可怕——!!**夜裡突然響起巨大聲響或發生地震時，鳥寶可能會陷入恐慌。**雖然受到驚嚇後，鳥寶會試圖起飛以躲避危險，但在黑夜環境下的狹窄鳥籠中騰飛，只會不斷碰壁，導致鳥寶方寸大亂。其中，生性膽小的玄鳳鸚鵡特別容易受到驚嚇，在日本甚至有「玄鳳恐慌」的說法。**這時，鳥的臉部或羽毛很可能撞到籠子而受傷。**所以發現鳥寶陷入恐慌時，飼主大人應該趕快開燈，並輕聲安撫鳥寶唷！

鳥寶趴倒在地！是生病了嗎？

只是在睡覺……，沒事的！

錯誤!!

你應該以為我們會停在站棍上睡覺對吧？其實鳥類的睡姿千變萬化，常見的標準睡姿包含：單腳站著打瞌睡、將鳥喙埋在背上睡、站著睡等等。不過，

鳥寶若是認定所處的環境很安全，就會安心地趴著熟睡唷！鳥籠或飼主的手心，都是能讓鳥寶感到安心的地方。此外，以樹洞為窩的太陽鸚鵡等鳥類，甚至會仰面朝天地呼呼大睡呢！

不過，**如果發現鳥寶是長時間在鳥籠下方無力地待著或趴著的話，則可能是生病虛弱的表現。**鳥寶出現不同於平常的狀態時，就很可能是生病了，應盡快就醫唷！

鳥寶在拔自己的羽毛，是在換羽嗎？

我們正在發洩壓力……~

錯誤!!

我拔、我拔、我拔拔拔……有些鳥寶會在不知不覺間沒了羽毛，變成光禿禿的裸鳥。有的鳥寶只會拔胸部或腹部的毛，但有的鳥寶會把鳥喙所及之處全部拔光，導致除了臉部以外，其他地方都禿毛了。**鳥寶自行拔掉羽毛的行為，又稱為「啄羽症」**。啄羽症的原因有很多，例如：生病、營養不良或羽粉堆積等，但**大多是精神上的問題**。但是，也有鳥寶會把拔毛當成遊戲。如果發現鳥寶出現拔毛的狀況，應該先向獸醫諮詢唷！

鳥寶抬起雙翼……好像很興奮呢♪

才不是！因為太熱了啦！……

錯誤!!

今天好熱……也太熱了吧！根本沒辦法忍受翅膀緊貼著身體。對了！試著稍微抬起翅膀好了！鳥類**會透過抬起翅膀來散熱、降低體溫**。這個動作很像130頁的擺動雙腋，區別在於鳥寶覺得熱時，一般還會伴隨著張口哈氣或呼吸急促等情形（↓85頁）。再這樣下去，很可能引發中暑，飼主大人要趕快調節空調溫度，或在籠子上擺放保冷劑，幫助鳥寶降溫唷～

身體變大了……是發胖嗎？
是因為太冷了啦……！
錯誤!!

抖抖抖……等等！這房間怎麼這麼冷？我必須得膨起羽毛來保暖才行！「絨羽」長在距離鳥類的皮膚最近的地方，具有保暖的功能。**當鳥寶想避免熱量散出體外時，就會膨起絨羽**。此外，將鳥喙埋進背部的羽毛裡，或單腳縮進羽毛中，也是鳥寶感到寒冷的信號。然而，如果在保持適溫的環境下，鳥寶仍膨起羽毛的話，則可能是身體不適唷！

鳥寶為什麼要單腳站立？牠在健身嗎？

不不，我們是被凍著啦～

天氣好像變冷了呢～把一隻腳藏進羽毛裡好了……好，這樣就OK了！雖然不到非常冷的程度，但沒有羽毛覆蓋的腳爪與鳥喙很容易受寒，所以鳥寶**會以單腳站立，把另一隻腳藏進羽毛裡保暖唷**！不過，就算房間保持適溫，鳥寶有時也會採單腳站姿，則代表我們覺得「有點累」，於是舉起腳來歇歇腿，飼主大人不必擔心唷～

好多穀殼！看來有好好吃飯呢～

這是假吃唷……～

我嚼我嚼……飼主大人應該沒發現吧？呼……

在野外環境中，身體虛弱的鳥類容易成為掠食者攻擊的目標，因此為了隱瞞身體不適，鳥類會出現假吃行為，假裝自己「有好好吃飯，很健康！」而且，群體中如果有孱弱的鳥，往往會給大家帶來危險，所以為了不被同伴拋棄，進食是必要的行為。不過，若飼主大人每天都有好好量體重，我們沒吃的事情馬上就會漏餡呢～

鳥寶在吃便便嗎!? 快住嘴~!

我們不會吃啦~只是很在意……。

想多了~我們怎麼可能會吃啊!當看見籠子底部**散落著許多便便時，鳥寶就會基於好奇而去撥弄、啃咬。**以前感覺沒這麼多的說~飼主大人啊!雖然我們知道你很忙，但還是希望能清一下呢~如果吸入糞便乾燥後化成的粉末，很可能引起呼吸道相關疾病，就連飼主大人也可能不小心吸入喔!因此為了我們彼此的健康，麻煩飼主大人定期清掃囉~

鳥寶把玩具扔到桌下，是不想玩了嗎？

欸嘿嘿……我們玩膩了。

雖然很喜歡這個玩具，但每天都在玩，現在也差不多膩了，不如扔掉吧！飼主大人，快拿新的玩具來～！**如果發現鳥寶昨天還在玩的玩具被丟到桌下，也許就是鳥寶玩膩的徵兆。**家養鳥為了不感到無聊，每天都在尋求新的刺激呢！

野外的鳥每天都忙於尋找食物、水源或躲避天敵，沒有多餘的空閒時間；但家養鳥沒必要忙於求生，所以總是很閒，這也是為什麼牠們會需要玩具來打發時間。不過，如果老是玩一樣的東西，鳥寶也會玩膩而感到無聊。正如72頁所說，鳥類是好奇心旺盛的動物，因此希望飼主大人能不斷用新玩具給我們帶來刺激！

除此之外，有時飼主大人撿起鳥寶弄掉的東西，會被誤以為在玩，於是鳥寶就會繼續弄掉。換言之，鳥寶扔玩具也可能是在**享受跟飼主大人玩拋接遊戲**的樂趣呢！

鳥寶踏得好頻繁……是不喜歡那根站棍嗎？

我們正在**打節拍**啦！

站棍上～鏗鏗♪鳥籠邊～鏘鏘♪打節奏好快活啊～**鳥類會利用鳥喙敲打站棍或鳥籠，並打出節拍來玩。**無論是唱歌還是打節拍，跟聲音有關的事物都是我們的拿手絕活！鸚鵡科與鳳頭鸚鵡科的鳥類一般都擁有超強的節奏感，其中又以虎皮鸚鵡最能正確地跟上節拍。此外，有些鳥會利用石頭或木棒，有節奏地敲打樹木來求愛呢！

鳥寶用腳抓身體……是很癢嗎？

有時是在整理羽毛唷！

接下來要整理頭上的羽毛，舉起腳爪～……基本上，鳥類會用鳥喙取下脂質來整理羽毛（↓69頁），但**鳥喙碰不到頭部，所以會改用腳爪來抓撓、梳理頭頂的羽毛**。然而，這個舉動也可能真的是在抓癢，想分清楚還真不太容易。不過，如果鳥寶還拿鳥喙、頭磨蹭站棍或鳥籠欄杆的話，就是覺得發癢或有不舒服的刺撓感唷！

鳥寶有時候會躲起來呢！

因為我們喜歡狹窄的地方唷！

哇！這個窄度跟暗度太剛好了！我要鑽進去囉～鳥類**非常喜歡狹窄的地方，因為對我們來說是躲避天敵的絕佳地點。**家具與牆壁間的縫隙、面紙盒等等，都是極好的藏身之處。當鳥寶在放風時發現這種地方，可能就會不知不覺間潛入其中。而且又小又暗的地方也很適合築巢呢！不過，巢穴會引起發情反應，飼主大人在放風前記得先堵住有機會成為祕密基地的狹縫唷！

鳥寶空中划水，代表牠想水浴吧？

正確!!

真不愧是飼主大人！……快拿水來♡

啪噠啪噠～水好舒服啊～……啊！原來我還在站棍上。實在太想水浴了，忍不住就開始空中划水呢！**當鳥寶非常想洗水浴時，就會開始出現空中划水的行為。**希望飼主大人看到後，能馬上幫我們準備水浴！不過，有的鳥寶不僅想做水浴時會空中划水，就連看到飼主大人正在準備時，也會興奮地先做出動作呢～

很好很好~今天地盤內也沒有異常！當鳥寶張開雙翅邁步時，並不是打算要起飛，而是**在巡視地盤內有無異常**。以顯得巨大又強壯的身形到處行走，敵人看到了，想必會逃之夭夭呢！此外，玄鳳鸚鵡有時會在鳥籠上方擺出張開翅膀且低趴的姿勢，這也是在彰顯自己的地盤唷！

明明是鳥，卻很喜歡走路耶！

飛行其實是件很累的事！

錯誤!!

你應該是以為飛行對鳥來說很簡單吧!?其實飛行比飼主大人想得還要費力唷~因為飛行必須驅動全身力量，是一件極度耗能的事，尤其起飛更是特別費力呢！所以**如果是不用飛也能到達的短距離，鳥寶就會選擇步行走過去，這樣比較輕鬆**。而且就算同為鳥類，飛行方式也五花八門。有些鳥是振翅飛翔，有些鳥則會利用上升氣流盤旋滑翔唷！

鳥寶跑進我的衣服，是覺得冷嗎？

我們想黏著……飼主大人啦！

你沒有稍稍感受到我的愛意嗎!?鳥寶想黏著最喜歡的飼主大人時，就會入侵袖子或衣領，鑽進衣服中與飼主大人緊緊相貼唷！當然，有時候鳥寶只是單純取暖，或者在探險玩耍。不過，若是鑽入次數過於頻繁，就要多加留意了，因為狹窄的地方容易觸發鳥寶發情唷（↓158頁）！

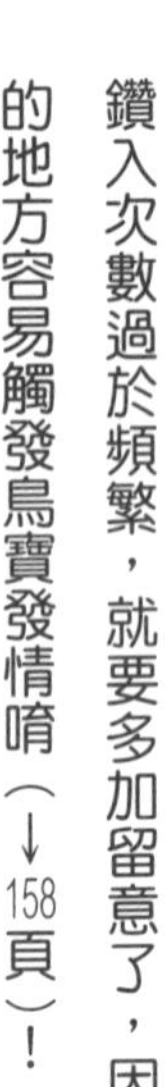

鳥寶變得會咬人了！我被討厭了嗎？

……叛逆期容易發火！

「性格溫順的鳥寶突然變得愛咬人了！」碰到這種情況，飼主大人想必會備受衝擊，但請不要沮喪！因為這只是**鳥寶叛逆期的表現**！鳥的成長、發育階段（↓126頁）中，會經歷兩次叛逆期。**第一次在亞成鳥期**，出於自我形成，小鳥開始會「拒絕」；**第二次在成鳥的青春期**，這時小鳥既想依賴父母又想獨立，兩相矛盾之下特別容易發怒。不過，過一陣子就會穩定下來，希望飼主大人能理解這樣的心情，靜靜守候鳥寶的成長唷！

人類也是很辛苦的呢～

鳥寶是在安慰我嗎？謝謝……

我們在確認飼主大人怎麼了……

這麼說好像有點不正確呢……看到飼主大人眼睛流水、垂頭喪氣的，**感覺和平常不太一樣，我們才想靠近觀察而已**。不過，飼主大人因此跟我們說「謝謝」的感覺真不錯，下次也這麼做吧！鳥類能察覺到重要伴侶的異狀，但不怎麼關心其他對象。不過，非洲灰鸚鵡是個特例！就算是在群體中只有打過照面的夥伴，牠們也會親切相待，社交能力非常高呢～

鳥寶飛到手機上……是因為感興趣嗎？

不要看手機，看看我啊……！

錯誤!!

等一下、等一下！明明在放風，飼主大人卻一直看手機，這是什麼意思啊!?之前分明說過，不能放風時分心吧!?如果鳥寶在放風時飛到手機、電腦或電視上，就代表我們**想進入飼主大人的視線來博取注意**。難得出籠卻不陪我們玩耍，太過分囉！而且萬一發生什麼意外，也無法馬上察覺，希望飼主大人在放風時別移開視線啦！

不要往我的鼻孔鑽啊！

看到洞穴就想探查……是鳥類的本能唷！

嗯…

常聽人類說「羞恥到看到洞就想鑽」，對鳥來說則是「看到洞就想窺探」呢！因為小洞中說不定藏著能吃的蟲子；又黑又窄的大洞則很適合當成床或巢穴（↓158頁）！基於這種本能，鳥寶只要一看到洞，就會想朝裡面一探究竟。話說回來，飼主大人身上的鼻子和耳朵有洞呢～快點讓我們瞧瞧吧！

鳥寶會欺負小孩！

因為站在高處的……地位比較高嘛！

78頁有提到「鳥類在高處比較有安全感」，而這個習性可能導致鳥寶的認知偏移，認為**「待在高處者地位比較高」**唷！固定停在空調機或窗簾桿上的鳥寶，往往會認為自己高人一等，性格也比較任性。同理可證，**如果鳥籠的視線比小孩高，或是固定停在大人肩膀上的鳥寶，就比較容易對小孩發起威嚇或攻擊的行為唷！**

回錯籠子囉～

我們在探索……其他籠子裡有什麼！

錯誤!!

打擾了～……咦？我發現這裡有好吃的飯！有些鳥寶是與其他鳥同住，有些則是分別住在不同的鳥籠中。如果不同籠時，飼主大人或許會看到鳥寶入侵其他鳥籠的身影。**這個舉動其實是出於好奇心，想觀察裡面與自己的鳥籠有何不同。**鳥寶和人一樣有公平與否的認知，因此當發現其他鳥籠比自己的好時，有可能會心生嫉妒呢！

兩隻鳥吵架時，被凶的總是雄鳥。

雌鳥在抱怨遲鈍的雄鳥！

喂！我身體都靠過去了，你怎麼還不幫我整理羽毛啊？老是看不懂我的暗示……○△X◎□……!! **雄鳥沒有先一步察覺伴侶在想什麼時，就會惹雌鳥生氣喔！**聽說有隻雄鳥吃了兩種飼料，但雌鳥只吃到一種飼料，所以雄鳥就趕緊反芻給伴侶唷！不機靈一點的話，在鳥界裡可是無法受歡迎的～

鳥寶戳其他的鳥，是在欺負對方嗎!?

只是想看對方的反應啦……！

我啄、我啄！喂喂……喂喂喂～！鳥類追逐或啄同伴的尾羽，其實是想看看對方的反應，瞭解同伴的身體狀況。**因為如果有身體狀況不佳的鳥，不僅會使群體容易遇襲，還會危及自己或伴侶的安全。**152頁曾提到，鳥寶身體狀況不好時，會靠假吃來裝沒事。立場相反時，就會害怕有生病的同伴，所以鳥寶才會以逗弄的方式來確認。即便對方會煩到開始反擊，我們還是忍不住會這麼做呢！

鳥寶之間會聊天嗎？

我們會以聊天來交換情報唷！……

「那間房有沒看過的東西，你可要小心啊」、「喂～那個抽屜存放著點心唷」。**鳥類同伴之間會像這樣嘰嘰喳喳地交換情報**。彼此的牽絆愈深，對話量就會增加。附帶一提，鳥類擴散資訊的能力可說是首屈一指。一般而言，鳥類會利用警戒聲來傳遞攸關性命的危險訊息。據說日本山雀發出的警戒聲，竟能以時速160公里的速度傳遍整座森林呢！

玄鳳鸚鵡與虎皮鸚鵡之間也能聊天吧~

住在同個屋簷下的玄鳳鸚鵡總是向我搭話，但因為語言不通，我完全**聽不懂牠在說什麼~**以人類語言來比喻，大概就是虎皮鸚鵡講日文、玄鳳鸚鵡講英文的感覺。不過，語言靠學習就能理解，聽說**住在同一片區域的**

野鳥多少都能聽懂對方的語言喔！

舉例而言，日本山雀發出「有敵人」的警告聲時，其他鳥類也會有所反應。此外，有些鳥類能理解哺乳動物的警告聲；相反地，有的哺乳動物也能理解鳥類的警告聲呢～

如果能聽懂各種動物發出的警告聲，就能躲避致命危險。因此記住這類聲音，可說是動物們生存所需的智慧呢！

話說回來，雖然無關生死，但希望飼主大人能好好記住我們叫聲的意思（→73頁），以便理解鳥寶的心情唷！

Point 與鳥寶的遊戲圖鑑

透過陪鳥寶一起玩耍，刺激牠們的好奇心並培養感情吧！

同步遊戲

同步「聲音」

發出相同的鳥叫，讓聲音同步。可由飼主先發出「嘰嘰嘰」的聲音，非常適合建立彼此的信任唷！

同步「動作」

當鳥寶擺動雙腋（→ 130頁），飼主也可以邊唱歌邊跟著擺動雙腋。另外，在歌詞裡加入鳥寶的名字，能添加趣味喔！

同步「情感」

看到飼主因開心的事而鼓掌叫好時，鳥寶也會一起興奮地手舞足蹈。

互動遊戲

遮臉躲貓貓

對鳥寶來說，這個遊戲簡單好懂，還有助於讓鳥寶理解「就算看不見，也不代表我棄你而去」的概念。

互瞪遊戲

鳥寶緊盯著自己時，飼主也可以回看並停止動作，先動的一方就輸了。

無限樓梯

鳥寶停在自己的食指上時，可以伸出另一隻食指讓鳥寶站上去。反覆成功站上五次後，就給予獎勵。

撿球

滾動小球，讓鳥寶去追並撿回來。一開始可以先在鳥寶面前做示範，由飼主撿回滾出去的球。

column⑤ # 鳥寶生活_驚喜趣聞

托米、木棉、麵包、胡桃、小輝、摩卡、小手套（桃面愛情鸚鵡）

飼主：Ogyan

我一舉起相機或手機要拍照，牠們就立刻朝鏡頭飛撲而來！
只要我想拍照，牠們就會這樣……

導致我很難隨心所欲地拍照（苦笑）……

PART 6

鳥的冷知識

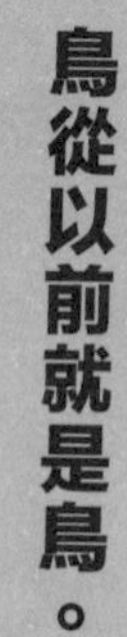

我們的祖先是恐龍……！吼——！

如果你覺得鳥在以前也是小巧可愛的動物，就誤會大了！鳥類的祖先可是恐龍唷～而且據說鳥類還是從大型肉食性恐龍——**暴龍所屬的獸腳亞目演化而來**。

吼——！如何，是不是有點像呢？

獸腳亞目中，有一種名叫偷蛋龍的恐龍，不僅擁有**鳥喙和羽毛**，還有抱著蛋保暖、直到幼雛孵化的**「孵蛋行為」**。無論是外型還是舉止，都和鳥類十分類似呢！除此之外，還有長著翅膀的恐龍。說不定恐龍也跟鳥類一樣，會用鳴叫來表達情感或溝通。又或許曾有跟鸚鵡一樣，全身色彩斑斕的恐龍唷！

鳥類身形嬌小，所以壽命不長。

錯誤!!

最老的鳥能活到80歲以上！

不要看我們個子小，就小看我們唷！鳥類可是有活超過80歲以上的紀錄！據說馴養的大型鸚鵡和鳳頭鸚鵡、猛禽類、鴕鳥等鳥類，都有長壽的紀錄。雖然有個體差異，但**大型的非洲灰鸚鵡和金剛鸚鵡，平均壽命甚至高達40～50歲**。二〇二〇年發表的日本人平均壽命為80～90歲，由此可知，身為大型鸚鵡的我們能陪伴您度過半輩子唷！

鳥寶應該聽不懂我在說什麼吧？

我們聽得懂一部分喔！

覺得鳥類聽不懂人類語言的話，你可以試著說「點心」唷！看～我們回頭了吧？**鳥類能記住點心這類關鍵單字**。當鳥寶產生「聽見這個單字就會有好事發生」的連結時，就更容易記住呢！反之，**鳥類也很容易記住非常討厭的單字**，所以有些鳥寶一聽到「醫院」就會逃跑。此外，加以訓練的話，鳥寶聽到「紅色」時，就會找出紅色的東西唷～

鳥寶回應我了!? 其實只是模仿得很好吧？

我們有時說話是經過思考的唷！

當我們說「早安！」時，只是在反覆飼主大人的話～不過，**透過訓練，鳥寶也能在理解意思的狀況下說出正確的話唷**～舉例來說，有隻虎皮鸚鵡想做水浴時，就會說「Shower」（淋浴）；還有一隻天才非洲灰鸚鵡，想吃東西時就會說「want grape」（想吃葡萄），生活故事甚至出版成書，真的很聰明呢！只要願意耐心地訓練，想讓我們與飼主大人對話並非癡人說夢唷！

鳥寶會日文也會英文，好聰明！

我們只是發出聽到的聲音……~

日文是什麼？英文又是什麼？啊啊！原來是指人類的語言呀~其實我們只是想和飼主大人溝通，所以發出相同的聲音罷了（↓95頁）。對我們而言，**準確地聽和說簡直易如反掌**！不僅是短句，就連音高、節奏都能完整複製，因此無論是哪國語言，我們都能琅琅上口。你說希望我學會日文、英文跟法文？這樣一來，我就會變成語言鳥博士唷♪

力戳

陰影

錯誤!!

我走囉

日文稱金魚腦為「鳥腦」，因為鳥很健忘嗎？

我們是有記憶的～！尤其是……危險的事，我們絕對不會忘！

真沒禮貌！前面已經說了很多例子，鳥其實相當聰明，你還不明白嗎!?可別小看我們的記憶力。特別是危險或討厭的事，我們可是記得一清二楚！這點烏鴉就可以替我們證明。聽說在某項實驗

中，有隻野生烏鴉把戴面罩的人認定為危險人物後，過了九年，當那隻烏鴉再次看見戴著相同面罩的人，反應仍然非常劇烈。由此可知，這九年間牠都記得那個危險人物。家養的鸚鵡科和鳳頭鸚鵡科鳥類也一樣，如果飼主大人做了令牠討厭的事，鳥寶便會牢牢記住。當下次飼主再靠近時，鳥寶就會逃跑唷！

除此之外，雖然鴿子與家燕具有歸巢性，可靠著太陽與星星的位置、地球磁場等回到相同的地方，但如果沒有記住地點特徵的記憶力，這項能力就無用武之地了。總而言之，可別再說我們是金魚腦啦～

我家的鳥寶好像很喜歡紅色？

所有的鳥類……都喜歡紅色唷！

紅色是能令鳥寶非常開心的顏色，因為**紅色是果實成熟的信號**，代表我們能飽餐一頓了！鳥寶第二喜歡的是黑色，因為有些果實成熟後看起來是黑色的。**鳥寶不太喜歡的顏色則是綠色**，畢竟綠色代表果實尚未成熟，味道也很差。咦？你問為什麼都跟吃的有關？這是當然的吧！吃飯可是生存大事啊！

放搖滾樂時，鳥寶會顯得興致高昂！

我們也有音樂喜好唷～

聽到搖滾樂時，就會隨著音樂不自覺地擺動身體呢！那隻虎皮鸚鵡就說過牠非常喜歡爵士樂呢～對**聲音極為敏銳的鳥寶，具有分辨音樂的能力。**某項實驗中，實驗人員讓兩隻非洲灰鸚鵡聽了幾種不同類型的音樂，當聽到搖滾樂或民謠時，牠們就顯得興致盎然；聽到古典樂時，則表現出放鬆的模樣。鳥寶的音樂喜好和飼主大人一樣的話，家裡可能會變成演唱會現場呢♪

column 番外篇 てんキュー繪師的養鳥趣聞

巧克力茶麻（玄鳳鸚鵡）

飼主：てんキュー繪師

巧克力茶麻不會模仿人類的語言。
如果把牠的叫聲用文字表記，就全都是「嗶」。不過跟牠相處了14年，我發現牠的那聲「嗶」裡有許多含意……換句話說，我深刻感受到「絕對有所謂的鳥語」！
「想做水浴」、「給我點心」、「帶我去那邊」、「我想睡囉～」，牠全都是發出「嗶」的聲音，但是意思完全不同。

因為鳥的表情很豐富，我通常一眼就能看出來，但我從沒想過原來人類也能理解鳥語。幸虧如此，我能順利完成巧克力茶麻的需求，感覺牠今天也心滿意足呢！（笑）

為各位介紹てんキュー繪師的愛鳥 —— 巧克力茶麻的趣聞軼事。

巧克力茶麻（玄鳳鸚鵡）

飼主：てんキュー繪師

巧克力茶麻總是與我形影不離，而且很喜歡黏著我撒嬌。
牠撒嬌時軟萌又沒有防備的模樣，真的非常可愛！但當我的家人（尤其是男性）靠近我時，牠就瞬間改變態度，發出「呼～呼～」的威嚇聲，努力趕走對方！簡直就像英雄想要保護女主角逃離敵人魔爪一般，保護我不要遭到「危險敵人」的攻擊。

雖然我內心是希望牠能跟大家都處得來，但當牠為了我（？）勇敢地用小小的身軀迎戰身形難以匹敵的對象時，總讓我怦然心動呢～可以從中感受到牠滿滿的愛意♡

結語

給飼主大人

鳥寶的心聲是否有傳達給您呢？

世上充斥著許多資訊，閱讀本書時，您說不定也會有新的發現，心想：「原來是這麼回事啊！」

正確的知識有助於飼主大人與鳥寶輕鬆愉快地一起生活，有需要的時候可以隨時翻閱本書唷！

不過，知識固然重要，但與鳥生活時，真正重要的還是「情感」！

鳥類的幸福源於和伴侶的共處、共鳴。

所以，當飼主大人感到開心時，我們也會一起開心；飼主大人難過時，我們也會靠近去觀察……

其中有些行為可能造成飼主大人的困擾，但大部分都是因為我們愛著飼主大人喔！

如果飼主大人能對鳥寶的心聲產生共鳴，一定能和我們過上舒適又充滿愛的每一天！

所以，再讓我們說一句吧！

我們最喜歡飼主大人了♡

〔監修〕**磯崎哲也**

一級愛玩動物飼養管理士。
致力於廣泛收集、研究並推廣歐美國家先進的鳥類獸醫學、科學飼養管理資訊。
著有《幸せなインコの育て方》（大泉書店）、《ザ・インコ＆オウム》（誠文堂新光社），並監修《看漫畫養寵物鳥：摸透鳥兒的真心話》、《インコ語レッスン帖》（大泉書店）等多本書籍。

〔插圖〕**てんキュー**

一位喜愛鳥類的插畫家，工作中有超過九成都是鳥類插圖委託。從小就很喜歡鳥，目前主要在個人官網與IG上發表插畫作品。有一隻愛鳥名叫巧克力茶麻。
個人官網： https://kotori-pastry.com/　Instagram：@kotori.to.tori.to

〔STAFF〕

設計・DTP……………………株式会社 東京100ミリバールスタジオ（松田剛、大朏菜穂）
編輯協力……………………株式会社スリーシーズン（大友美雪）

鸚鵡有話說——給飼主的126項照顧守則

出　　版／楓葉社文化事業有限公司
地　　址／新北市板橋區信義路163巷3號10樓
郵政劃撥／19907596 楓書坊文化出版社
網　　址／www.maplebook.com.tw
電　　話／02-2957-6096
傳　　真／02-2957-6435
監　　修／磯崎哲也
插　　圖／てんキュー
翻　　譯／洪薇
責任編輯／邱凱蓉
內文排版／楊亞容
港澳經銷／泛華發行代理有限公司
定　　價／350元
出版日期／2023年6月

國家圖書館出版品預行編目資料

鸚鵡有話說：給飼主的 126 項照顧守則 / 磯崎哲也監修；洪薇譯. -- 初版. -- 新北市：楓葉社文化事業有限公司，2023.06　面；　公分

ISBN 978-986-370-539-0（平裝）

1. 鸚鵡　2. 寵物飼養

437.794　　112004799